棉花枯萎病皱
缩矮化病株

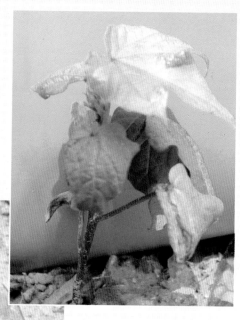

棉花枯萎病
紫红型病株

棉苗立枯病

棉苗炭疽病

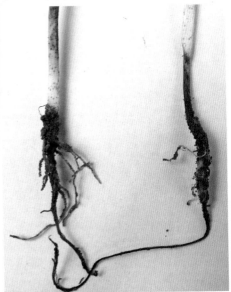

棉花炭疽病病根

棉苗猝倒病

2

棉苗红腐病病株

棉花轮纹斑病病叶

棉苗褐斑病病叶

3

棉苗角斑病病叶

棉铃疫病

棉铃红腐病

棉铃炭疽病

 棉铃黑果病

棉铃红粉病

棉铃软腐病

棉铃曲霉病

棉铃角斑病

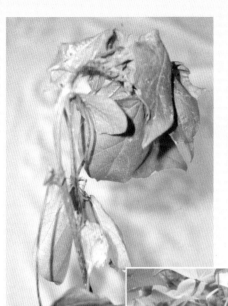

棉花茎枯病

棉花黄叶
早衰叶片

棉花红叶
早衰叶片

7

绿盲蝽成虫

绿盲蝽若虫

中黑盲蝽成虫

8

中黑盲蝽若虫

苜蓿盲蝽成虫

苜蓿盲蝽若虫

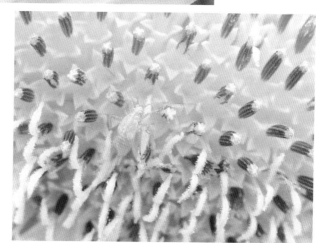

9

三点盲蝽成虫

点盲蝽若虫

牧草盲蝽成虫

10

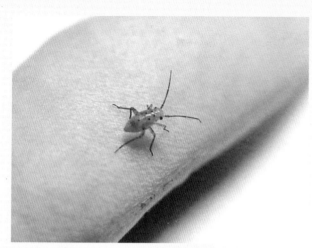

牧草盲蝽若虫

棉盲蝽为害顶叶

棉盲蝽为害花

11

棉盲蝽为害小铃

棉盲蝽为害大铃

棉　蚜

棉蚜为害顶叶

棉叶螨（湖北农科院
植保所万鹏博士提供）

烟粉虱

13

棉铃虫幼虫

棉铃虫成虫

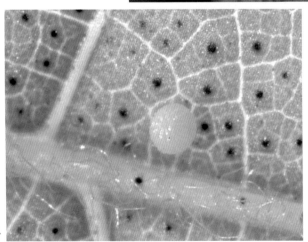

棉铃虫卵

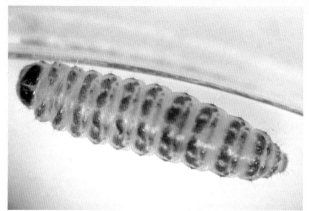

红铃虫（湖北
农科院植保所
万鹏博士提供）

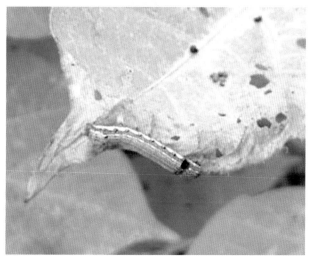

斜纹夜蛾幼虫
（湖北农科院植保
所万鹏博士提供）

斜纹夜蛾成虫

15

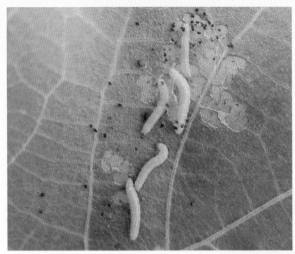

甜菜夜蛾幼虫（河北
农业大学李瑞军教授
提供）

棉大卷叶螟幼虫
（扬州大学杨益
众教授提供）

棉大卷叶螟
为害状

16

棉花病虫害综合防治技术

陆宴辉　齐放军　张永军　编著

金盾出版社

内 容 提 要

　　本书是由中国农业科学院植物保护研究所的专家编著。内容包括:我国棉花生产及病虫害发生概况,棉花主要病害种类及其防治,棉花主要害虫种类及其防治以及棉花病虫害综合防治技术体系。该书语言通俗、易懂,深入浅出地讲述了棉花种植过程中常见的病虫害防治技术,可供广大棉农阅读使用,也可供相关专业技术推广人员参考。

图书在版编目(CIP)数据

　　棉花病虫害综合防治技术/陆宴辉,齐放军,张永军编著.--北京:金盾出版社,2010.9
　　ISBN 978-7-5082-6484-4

　　Ⅰ.①棉…　Ⅱ.①陆…②齐…③张…　Ⅲ.①棉花—病虫害防治方法　Ⅳ.①S435.62

　　中国版本图书馆 CIP 数据核字(2010)第 106647 号

金盾出版社出版、总发行

北京太平路 5 号(地铁万寿路站往南)
邮政编码:100036　电话:68214039　83219215
传真:68276683　网址:www.jdcbs.cn
彩色印刷:北京画中画印刷有限公司
正文印刷:北京万友印刷有限公司
装订:北京万友印刷有限公司
各地新华书店经销
开本:850×1168 1/32　印张:5.5　彩页:16　字数:120 千字
2012 年 6 月第 1 版第 8 次印刷
印数:118 001~133 000 册　定价:10.00 元

目　录

第一章　我国棉花生产及病虫发生概况

一、我国棉花生产概况 …………………………………… (1)

（一）棉花种植区划 ……………………………………… (1)

（二）转基因抗虫棉花种植情况 ………………………… (3)

二、我国棉花病虫害的发生情况 ………………………… (4)

（一）病害发生情况 ……………………………………… (5)

（二）虫害发生情况 ……………………………………… (6)

第二章　棉花主要病害种类及其防治

一、棉花黄萎病 …………………………………………… (8)

（一）症状识别 …………………………………………… (9)

（二）发生规律 …………………………………………… (9)

（三）防治方法 …………………………………………… (12)

二、棉花枯萎病 …………………………………………… (15)

（一）症状识别 …………………………………………… (16)

（二）发生规律 …………………………………………… (17)

（三）防治方法 …………………………………………… (21)

三、棉花苗期病害 ………………………………………… (24)

（一）症状识别 …………………………………………… (24)

（二）发生规律 …………………………………………… (28)

（三）防治方法 …………………………………………… (31)

四、棉铃病害 ……………………………………………… (34)

(一)症状识别 ……………………………………… (34)

(二)发生规律 ……………………………………… (37)

(三)防治方法 ……………………………………… (39)

五、棉花茎枯病 …………………………………………… (41)

(一)症状识别 ……………………………………… (41)

(二)发生规律 ……………………………………… (43)

(三)防治方法 ……………………………………… (44)

六、棉花早衰 ……………………………………………… (45)

(一)症状识别 ……………………………………… (45)

(二)发生规律 ……………………………………… (45)

(三)防治方法 ……………………………………… (47)

第三章 棉花主要害虫种类及其防治

一、棉盲蝽 ………………………………………………… (49)

(一)形态特征 ……………………………………… (50)

1. 绿盲蝽 ………………………………………… (50)

2. 中黑盲蝽 ……………………………………… (50)

3. 苜蓿盲蝽 ……………………………………… (51)

4. 三点盲蝽 ……………………………………… (52)

5. 牧草盲蝽 ……………………………………… (52)

(二)生活习性 ……………………………………… (53)

(三)发生规律 ……………………………………… (55)

(四)防治方法 ……………………………………… (58)

二、棉蚜 …………………………………………………… (61)

(一)形态特征 ……………………………………… (62)

(二)生活习性 ……………………………………… (63)

（三）发生规律 …………………………………… （64）

（四）防治方法 …………………………………… （66）

三、棉叶螨 ……………………………………………… （66）

（一）形态特征 …………………………………… （67）

　　1. 朱砂叶螨 ………………………………… （67）

　　2. 截形叶螨和土耳其斯坦叶螨 …………… （67）

（二）生活习性 …………………………………… （67）

（三）发生规律 …………………………………… （68）

（四）防治方法 …………………………………… （70）

四、烟粉虱 ……………………………………………… （71）

（一）形态特征 …………………………………… （72）

（二）生活习性 …………………………………… （72）

（三）发生规律 …………………………………… （74）

（四）防治方法 …………………………………… （76）

五、蓟马 ………………………………………………… （77）

（一）形态特征 …………………………………… （77）

　　1. 烟蓟马 …………………………………… （77）

　　2. 花蓟马 …………………………………… （77）

（二）生活习性 …………………………………… （78）

（三）发生规律 …………………………………… （79）

（四）防治方法 …………………………………… （79）

六、棉叶蝉 ……………………………………………… （80）

（一）形态特征 …………………………………… （80）

（二）生活习性 …………………………………… （81）

（三）发生规律 …………………………………… （81）

（四）防治方法 …………………………………… （83）

七、棉铃虫 ……………………………………………… （83）

（一）形态特征 …………………………………… （83）

（二）生活习性 ……………………………………………（84）

（三）发生规律 ……………………………………………（86）

（四）防治方法 ……………………………………………（88）

八、红铃虫 ……………………………………………………（90）

（一）形态特征 ……………………………………………（90）

（二）生活习性 ……………………………………………（91）

（三）发生规律 ……………………………………………（93）

（四）防治方法 ……………………………………………（94）

九、斜纹夜蛾 …………………………………………………（95）

（一）形态特征 ……………………………………………（95）

（二）生活习性 ……………………………………………（96）

（三）发生规律 ……………………………………………（97）

（四）防治方法 ……………………………………………（98）

十、甜菜夜蛾 …………………………………………………（98）

（一）形态特征 ……………………………………………（99）

（二）生活习性 ……………………………………………（99）

（三）发生规律 …………………………………………（100）

（四）防治方法 …………………………………………（101）

十一、棉大卷叶螟 …………………………………………（101）

（一）形态特征 …………………………………………（102）

（二）生活习性 …………………………………………（102）

（三）发生规律 …………………………………………（103）

（四）防治方法 …………………………………………（104）

十二、棉造桥虫 ……………………………………………（105）

（一）形态特征 …………………………………………（105）

1. 棉小造桥虫 …………………………………………（105）

2. 棉大造桥虫 …………………………………………（106）

（二）生活习性与发生规律 …………………………（106）

（三）防治方法 ……………………………………（107）

十三、玉米螟 ………………………………………（107）

（一）形态特征 ……………………………………（108）

（二）生活习性与发生规律 ………………………（109）

（三）防治方法 ……………………………………（110）

十四、棉尖象甲 ……………………………………（110）

（一）形态特征 ……………………………………（110）

（二）生活习性与发生规律 ………………………（111）

（三）防治方法 ……………………………………（112）

十五、鼎点金刚钻 …………………………………（112）

（一）形态特征 ……………………………………（112）

（二）生活习性与发生规律 ………………………（113）

（三）防治方法 ……………………………………（114）

十六、地老虎 ………………………………………（115）

（一）形态特征 ……………………………………（115）

　1. 小地老虎 …………………………………（115）

　2. 黄地老虎 …………………………………（116）

　3. 大地老虎 …………………………………（116）

（二）生活习性与发生规律 ………………………（116）

（三）防治方法 ……………………………………（117）

十七、蜗牛 …………………………………………（118）

（一）形态特征 ……………………………………（118）

（二）生活习性与发生规律 ………………………（119）

（三）防治方法 ……………………………………（120）

十八、蝼蛄 …………………………………………（120）

（一）形态特征 ……………………………………（121）

　1. 华北蝼蛄 …………………………………（121）

　2. 东方蝼蛄 …………………………………（121）

(二)生活习性与发生规律 ……………………………… (121)

(三)防治方法 …………………………………………… (123)

十九、蛴螬 ……………………………………………………… (123)

(一)形态特征 …………………………………………… (123)

1. 大黑金龟子 ……………………………………… (123)

2. 黑绒金龟子 ……………………………………… (123)

3. 大绿金龟子 ……………………………………… (123)

(二)生活习性与发生规律 ……………………………… (124)

(三)防治方法 …………………………………………… (125)

二十、蛞蝓 ……………………………………………………… (125)

(一)形态特征 …………………………………………… (125)

(二)生活习性与发生规律 ……………………………… (126)

(三)防治方法 …………………………………………… (126)

第四章 棉花病虫害综合防治技术体系

一、综合防治技术规程 ………………………………………… (127)

(一)黄河流域棉区 ……………………………………… (127)

(二)长江流域棉区 ……………………………………… (131)

(三)西北内陆棉区 ……………………………………… (133)

二、农业防治 …………………………………………………… (135)

(一)利用抗病虫品种 …………………………………… (135)

(二)实行合理间套作与轮作 …………………………… (135)

(三)种植诱集作物 ……………………………………… (136)

(四)科学进行农事操作 ………………………………… (137)

(五)铲除虫源地 ………………………………………… (137)

三、物理防治 …………………………………………………… (138)

(一)灯光诱杀 …………………………………………… (138)

（二）枝把诱杀……………………………………（138）

（三）食料诱杀……………………………………（138）

（四）人工捕捉……………………………………（139）

（五）物理隔离……………………………………（139）

四、生物防治………………………………………（139）

（一）保护利用自然天敌…………………………（140）

（二）应用生物农药………………………………（142）

五、化学防治………………………………………（142）

（一）掌握防治适期，适时施药…………………（143）

（二）掌握有效用药量，适量用药………………（143）

（三）轮换交替使用不同种类的农药……………（143）

（四）合理进行农药的混用………………………（143）

（五）掌握配药技术，充分发挥药效 ……………（144）

第一章　我国棉花生产及病虫发生概况

棉花是世界性的经济作物,全世界植棉国家和地区有 96 个。长年种植面积在 100 万公顷以上的国家有印度、中国、美国、巴基斯坦和乌兹别克斯坦。自 20 世纪 80 年代中期以后,我国已成为世界上最大的棉花生产国,每年棉花产量占世界总量约 1/4。

在我国的 10 多个省(市、自治区)中,有 3 000 多万农户、1 亿多农民参与棉花生产,棉花是棉农收入的主要来源。据统计,在我国黄河流域和长江流域棉区,棉花收入最高占植棉农户总收入的 60% 左右,新疆棉区植棉农户收入约 80% 来自棉花。此外,棉花是我国传统支柱产业和重要民生产业——纺织业的主要原材料。总之,棉花生产在我国国民经济中占有重要的地位。

一、我国棉花生产概况

(一)棉花种植区划

根据我国植棉区域的不同生态条件和棉花生产特点,结合棉田分布现状和植棉历史,可将全国棉区由南而北、自东向西依次划分为:华南棉区、长江流域棉区、黄河流域棉区、北部特早熟棉区和西北内陆棉区(图 1)。在习惯上,通常将前 2 个棉区统称为南方棉区,将后 3 个棉区统称为北方棉区。

华南棉区是我国最早发展棉花生产的区域。1949 年,华南棉区棉田面积占全国棉田总面积的 18%,而目前只有零星种植,面积在 1% 以下。历史上北部特早熟棉区和西北内陆棉区,曾各占全国棉花播种面积的3%左右。20世纪80年代起,北部特早熟棉区逐渐衰退,目前与华南棉区一样,面积不到全国棉田总面积的1%。而西北内陆棉区植棉面积在不断扩大。目前,我国的三大主产棉区为长江流域棉区、黄河流域棉区和西北内陆棉区。

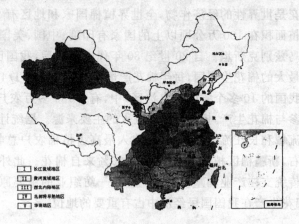

图1　我国的棉区分布

(源自 http://www.ampcn.com/datainfo/picdata/imgshow.asp? id=558)

我国长年棉花播种面积约533.3～566.7万公顷,其中面积在6.7万公顷以上的省份有:长江流域棉区的江苏、安徽、湖南、湖北;黄河流域棉区的河北、河南、山东、山西、天津;西北内陆棉区的新疆、甘肃。其中,新疆、河南、河北、山东、江苏、安徽、湖北等地的植棉面积均在33.3万公顷以上,而新疆植棉面积最大,长年在133.3万公顷左右(图2)。

从棉花的单产来看,新疆地区棉花单产最高,每667平方米产皮棉110～125千克;而长江流域与黄河流域棉区各大主产省的单产基本一致,每667平方米产皮棉65～80千克。我国长年皮棉总产量为650万～750万吨。新疆地区棉花总产量同样最高,约占我国棉花总产量的 40%；其次是山东，每年产量占 10% 以上；其他总产量较高的省份有：河南、湖北、安徽、江苏、湖南等。

我国棉花生产能满足纺织工业用棉 70% 左右的需求，每年需从其他国家进口皮棉 200 万~250 万吨。

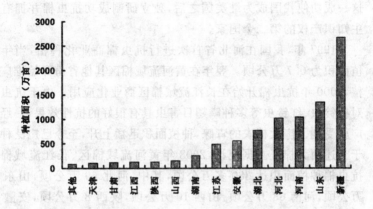

图 2　2007 年我国各棉花主产省、自治区棉花种植情况

（数据来自于 2008《中国农业年鉴》）

（二）转基因抗虫棉花种植情况

虫害是制约我国棉花生产的主要因素之一，其中棉铃虫是首要害虫。20 世纪 90 年代，棉铃虫曾数次暴发，造成的损失属历史罕见。自此，我国开展了大量的转基因抗虫棉花（下面简称抗虫棉）的研发工作，并取得了令人瞩目的成绩。1990 年，范云六等人从苏云金芽孢杆菌亚种 aizawai7-29 和 kurstaki HD-1 中分离、克隆出 Bt 基因。1991 年，谢道昕等首次通过花粉管通道法将 Bt 基因导入棉花品种，其后代虽然在实验室内具有一定的抗虫性，但其抗虫基因不理想，不足以使害虫致死。1992 年底，郭三堆等人在国内首先将 $Cry1Ab$ 和 $Cry1Ac$ 合成了 Bt GMF $Cry1A$ 杀虫基因,全长 1827 个碱基对,编码 608 个氨基酸,能在棉花中高效表达。随后,通过花粉管通道法和农杆菌介导法等将 *Bt* GMF *Cry*1A 基因导入晋棉 7 号、泗棉 2 号、泗棉 3 号、中棉所 12、中棉所 16 等棉花品种中,获得了我国第一代抗虫棉——单价抗虫棉。这一成功使我国成为继美国之后,独立研制成功抗虫棉并拥有自主知识产权的第二个国家。

　　1997 年,我国在河北省首次进行抗虫棉商业化种植,当年种植面积为 0.7 万公顷。翌年在黄河流域棉区其他省份开始推广种植,2000 年抗虫棉开始在长江流域棉区商业化应用。由于抗虫棉对棉铃虫、红铃虫等多种鳞翅目害虫具有很好的抗性效果,一经推广就受到了广大棉农的青睐,种植面积迅猛上升,至今已广泛种植于上述两大棉区。据统计,2008 年黄河流域棉区、长江流域棉区抗虫棉种植面积达 380 多万公顷,其中,河北 69 万公顷,山东 89 万公顷,河南 63 万公顷,山西 10 万公顷,陕西 8 万公顷,安徽 31 万公顷,江苏 30 万公顷,江西 7 万公顷,湖北 19 万公顷,湖南 12 万公顷;抗虫棉种植面积约占全国棉花种植面积的 70%,其中,黄河流域棉区抗虫棉的种植比率达 95% 以上,长江流域棉区达 80% 左右(图 3)。迄今为止,新疆棉区尚未正式批准商业化种植转基因抗虫棉。

二、我国棉花病虫害的发生情况

　　棉花病虫害是棉花生产的关键性制约因素,一般年份棉花病虫害造成的产量损失达 15%～20%,严重年份可达 30%～50%。近年来,由于我国农业种植结构调整、全球气候因素变化、抗虫棉大面积种植等原因,棉田病虫害的地位发生了巨大变化,同时发生

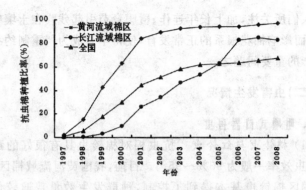

图3 1997-2008年我国转基因抗虫棉花种植面积变化趋势
(数据来自于中国科学院农业政策研究中心)

趋势也趋于复杂。特别是盲椿象、黄萎病等在我国多个棉区相继严重发生,其成灾频率高,危害重。这给现阶段我国棉花生产的可持续发展带来了严重的潜在威胁。

(一)病害发生情况

1. 黄萎病与枯萎病 目前,棉花的主栽品种对黄萎病的抗性均较差,加上长年连作,造成棉花黄萎病发生和流行有逐年加重的趋势,而曾经严重影响我国棉花生产的重要病害——枯萎病,则由于抗病基因的引人,得到了较好的控制,已不是制约我国棉花生产的主要病害。

2. 其他病害 种子包衣技术的推广及广泛使用,对棉花苗期病害的控制取得了良好的效果。铃病主要在雨水多、田间空气相对湿度大的环境中时有发生,而且引起棉花减产严重。棉花病毒病害在我国局部地区也有发生,并有进一步扩展和加重的趋势,值得注意。

3. 生理性病害 特别需要重视一些非传统性、非侵染性病害对我国棉花生产的严重影响及危害。如这些年来棉花早衰的发生已给我国棉花生产造成重大损失。这主要是长期以来抗早衰育种不为人们所关注,加上长年连作、覆膜育苗引起残膜在土壤中的累积,从而影响棉花根系的正常发育,使得早衰成为严重制约我国棉花生产的重要问题之一。

(二)虫害发生情况

1. 咀嚼式口器害虫

(1)棉铃虫与红铃虫 抗虫棉对棉铃虫具有很好的毒杀作用,抗虫效率一般为 90%～95%。目前,我国黄河流域棉区、长江流域棉区棉铃虫基本得到了控制,种群发生数量普遍较低。以 2009 年为例,除湖北省以及河南省邓州、河北省霸州等地四代棉铃虫幼虫百株残虫量高于 10 头以外,其余各棉花主产省各代残虫量均在 10 头以下,基本无需防治。而新疆地区尚未正式推广种植抗虫棉,棉铃虫发生危害仍然比较严重。

抗虫棉对红铃虫也有极强的毒杀效果。由于红铃虫寄主植物范围较窄,因此抗虫棉的种植对红铃虫防治效果尤其明显。目前,红铃虫在我国的发生数量很少,生产上基本已不再造成危害和损失。

(2)其他害虫 抗虫棉对棉大卷叶螟、棉造桥虫、玉米螟、金刚钻等也有较好的毒杀作用。棉大卷叶螟主要在棉花生长后期发生,此时抗虫棉的杀虫蛋白表达量与抗虫效率较生长前期有所下降,因此棉大卷叶螟在江苏、湖北等地还有一定的发生和危害。而棉造桥虫、玉米螟、金刚钻等已得到了有效控制。抗虫棉对甜菜夜蛾的毒杀效果低于棉铃虫,大约为 60%～70%,目前甜菜夜蛾在生产中有零星发生。抗虫棉中表达的杀虫蛋白对斜纹夜蛾没有明显的控制效果,这种害虫猖獗暴发时会对抗虫棉的生产造成严重危害,近几年斜纹夜蛾危害问题在长江流域棉区比较突出。

抗虫棉对地老虎、蝼蛄、金龟子、蛞蝓、蜗牛等地下有害生物没有控制作用。这些有害生物在我国局部地区棉花苗期有一定的发生和危害,个别地区危害严重。

2. 刺吸式口器害虫　抗虫棉对棉盲蝽、棉蚜等刺吸式口器害虫的发生没有直接影响。但由于抗虫棉有效控制了棉铃虫、红铃虫等靶标害虫,棉田广谱性的化学农药的使用量随之大幅度减少,这导致一些非靶标害虫的地位发生了明显变化,特别是棉盲蝽已从次要害虫上升为主要害虫。

(1)棉盲蝽　抗虫棉田化学农药使用量明显减少,给棉盲蝽种群的增长提供了空间。棉盲蝽田间天敌控制力弱,因此抗虫棉大面积种植以后,其种群发生数量剧增,危害加重,已成为当前棉花生产上的首要致灾因子,并呈区域性灾害趋势发展。

(2)棉蚜　抗虫棉田化学农药使用量的减少,使得瓢虫类、草蛉类、蜘蛛类等捕食性天敌数量明显增加,从而间接地抑制了棉蚜伏蚜的种群发生数量。而近年来棉花苗期蚜虫危害问题仍然比较严重,是棉花苗期病虫害防控的一大重点。

(3)其他害虫　棉叶螨的天敌控制作用同样较弱,在我国各棉区均有一定发生,特别是在气候干旱年份易严重发生。烟粉虱寄主广泛,虫源丰富,很多地区发生危害严重,个别地区还出现了“虫雨”现象,棉花这种寄主作物也难逃厄运。目前,烟粉虱已成为棉花生长中后期的一种主要害虫。另外,江苏等局部地区棉田蓟马危害比较严重。而棉叶蝉等害虫基本无需防治。

第二章 棉花主要病害种类及其防治

我国有记载的棉花病害有 80 多种,其中常见的近 20 种。目前,在我国发生危害较为严重的种类包括黄萎病、枯萎病、立枯病、炭疽病、红腐病和棉铃疫病等,以及非侵染性的生理性病害,如旱衰等。本章就这些主要病害的症状识别、发生规律以及防治方法等逐一进行介绍。

一、棉花黄萎病

棉花黄萎病是目前危害棉花生产的重要病害之一,大多数产棉国均有不同程度的发生,病原为 *Verticillium dahliae* Kleb。1939 年棉花黄萎病在我国首见报道。自 20 世纪 50 年代以来,病害蔓延扩展,已发展成遍布我国各棉花生产区长年流行发生的病害,是严重危害棉花生产的首要病害。目前,该病害已遍及辽宁、河北、河南、山东、山西、陕西、北京、天津、甘肃、宁夏、新疆、云南、贵州、四川、湖北、湖南、安徽、江苏、浙江、江西和上海等 21 个省、市、自治区,尤其是黄河流域棉区发生更为严重。自 1993 年发现并证实落叶型菌系以后,棉花黄萎病已遍布黄河流域,并呈日趋加重的态势。2008～2009 年,在黄河流域棉区继续大面积发生,危害面积高达 400 万～500 万公顷,损失严重。我国最主要棉花产区——新疆棉区也呈日渐严重的趋势,黄萎病已基本上覆盖了当地所有植棉地区,部分地区已严重影响到棉花的可持续生产。

（一）症状识别

黄萎病菌能在棉花整个生长期间侵染为害。自然条件下，一般在播后 1 个月后出现病株。由于受棉花品种抗病性、病原菌致病力及环境条件的影响，黄萎病呈现不同症状类型。

1. 幼苗期 在温室和人工病圃里，2～4 片真叶期的棉苗即开始发病。苗期黄萎病的症状是病叶边缘开始褪绿发软，呈失水状，叶脉间出现不规则淡黄色病斑，病斑逐渐扩大，变褐干枯，维管束明显变色。

2. 成株期 在自然条件下，棉花现蕾以后才逐渐发病，一般在 7、8 月份的开花结铃期发病达到高峰。近年来，其症状呈多样化的趋势，常见的有：病株由下部叶片开始发病，逐渐向上发展，病叶边缘稍向上卷曲，叶脉间产生淡黄色不规则的斑块，叶脉附近仍保持绿色，呈掌状花斑，类似西瓜皮状；有时叶脉间出现紫红色失水萎蔫不规则的斑块，斑块逐渐扩大，变成褐色枯斑，甚至整个叶片枯焦，脱落成光秆；有时在病株的茎部或落叶的叶腋里，可发出赘芽和枝叶。黄萎病株一般并不矮缩，还能结少量棉桃，但早期发病的重病株有时也变得较矮小。在棉花铃期，盛夏久旱后遇暴雨或大水漫灌时，田间有些病株常发生一种急性型黄萎症状，先是棉叶呈水烫状，继则突然萎垂，迅速脱落成光秆。剖开茎秆检查维管束变色情况，从茎秆到枝条甚至叶柄，内部维管束全部变色。一般情况下，黄萎病株茎秆内维管束显黄褐色条纹。

（二）发生规律

棉花黄萎病是土传、沿维管束系统侵染的真菌性病害。在土壤中定植的黄萎病菌，遇上适宜的温湿度，由病菌孢子萌发菌丝体，菌丝体接触到棉花的根系即可从根毛或伤口处（虫伤、机械伤）侵入根系内部。菌丝先穿过根系的表皮细胞，在细胞间隙中生长。

继而穿过细胞壁,向木质部的导管扩展,并在导管内迅速繁殖,产生大量小孢子。这些小孢子随着输导系统的液流向上运行,依次扩散到茎、枝、叶柄、叶脉和铃柄、花轴、种子等各个部位。棉株感病枯死后,黄萎病菌在土壤中,能以腐殖质为生或在病株残体中休眠。连作棉田土壤中的菌量不断积累,这是年复一年重复侵染并加重发病的主要根源。

黄萎病菌在土壤里的适应性很强,遇到干燥、高温等不利环境条件时,还能产生微菌核等休眠体以抵抗恶劣环境,所以病菌在土壤中一般能存活 8～10 年,甚至更长。棉田感染黄萎病菌,若不及时采取防治措施,病菌将以很快的速度蔓延危害。

棉花黄萎病的扩展蔓延迅速,病菌的传播途径繁多。

①种子传播:黄萎病随棉籽调引而传播,这是造成棉花黄萎病远距离传播,出现新病区的重要途径。

②病株残体传病:棉花黄萎病菌存在于病株的根系、茎秆、叶片、铃壳等各个部位,这些病株残体可直接落到地里或用于沤制堆肥,这也成为传播病害的重要途径。

③带菌土壤传病:棉花黄萎病菌能长期潜存于土壤中。同一块棉田或局部地区内的病害扩散,多半是由于病土的移动所致。

④流水和农业操作传病:黄萎病可借助水流扩散,雨后棉田过水或灌溉能将病株残体和病土向四周传播或带入无病田,造成病害蔓延。在病田从事耕作的牲畜、农机具以及人的手足等均能传带病菌,这是局部地区黄萎病扩展的原因之一。

黄萎病发病的最适温度为 25℃～28℃,低于 25℃或高于 30℃发病缓慢,高于 35℃时症状暂时隐蔽。一般在 6 月间当棉苗出现 4～5 片真叶时开始发病,田间出现零星病株;现蕾期进入发病适宜阶段,病情迅速发展;7、8 月份花铃期达到发病高峰,来势迅猛,往往造成病叶大量枯落,并加重蕾铃脱落,如遇多雨年份,空气相对湿度过高而温度偏低,则黄萎病发展尤为迅速,病株率可成倍增长。近年来,在北方棉区大面积发生的落叶型黄萎病,对棉花生产造成巨大影响。在棉花生育期内,如遇连续 4 天以上低于25℃的相对低温,则黄萎病将严重发生。1993 年、2002 年和 2003 年,北方出现大量棉株落叶的病田,主要原因即为 7～8 月份出现连续数天平均气温低于 25℃ 的相对低温,导致黄萎病落叶型菌系的大量繁殖侵染,使棉株在短时间内严重发病,叶片、蕾铃全部脱落成光秆,最后棉株枯死。

黄萎病菌在棉田定植以后,连作棉花年限愈长,土壤中病菌量积累愈多,病害就会愈严重。棉田地势低洼、排水不良,或者灌溉棉区,一般黄萎病发病较重。灌溉方式和灌水量都能影响发病,大水漫灌往往起到传播病菌的作用,并造成土壤含水量过高,不利于棉株生长而有利于病害的发展。营养失调也是促成寄主感病的诱因。氮、磷是棉花不可缺少的营养,若偏施或重施氮肥,反而能助长病害的发生。

棉花不同的种或品种,对黄萎病的抗病性具有很大的差异。一般海岛棉对黄萎病抗病性较强,陆地棉次之,亚洲棉较差。在陆地棉中各品种间对黄萎病的抗性差异也很显著,如:BD18、9456D、春矮早、辽棉 5 号、中植棉 2 号、冀 958 等品种抗病性较强,中棉所12 号、冀 668、33B 属耐病品种,而 86-1 号、GK19、99B 等品种则易感病。棉花品种对枯萎病和黄萎病的抗病性往往呈负相关关系,高抗枯萎病的品种一般不抗黄萎病。进入 21 世纪,通过分子育种技术,兼抗两种病害的棉花品种有望培育出来。

棉花黄萎病的发病期和棉花生育期有密切关系。苗期棉株对黄萎病具有较好的抗病性,当棉花从营养生长转入生殖生长时,其抗病性逐步下降,黄萎病开始发生,7、8 月份开花结铃期发病达到高峰。棉株患病后,叶片变黄,干枯脱落,导致结铃稀少,铃重减轻,严重时棉株叶片大量脱落,甚至全部脱落,花蕾、棉铃均脱落成光秆,棉株早早枯死;轻病株造成棉花减产,品质下降。

(三)防治方法

1. 严格保护无病区 防止棉花黄萎病传入无病区,对发展棉花生产具有重要意义。为保护无病区,必须严格执行国家植物检疫制度,禁止病区种子调入无病区,提倡建立供种基地或留种田,就地繁育无病良种。种子工作要贯彻"四化一供"的方针,不要随意大量调运棉种,在确有必要调、引棉种的情况下,种子部门应与植物检疫部门密切配合,履行种子调拨和检疫手续。病区棉种先要进行消毒处理,经硫酸脱绒后,再用 0.2%抗菌剂"402"在 55℃~60℃温汤浸闷种 30 分钟,或用有效成分 0.3%多菌灵胶悬剂冷浸棉籽 14 小时,以消灭种子内外的病菌,然后在隔离区内试种 1年,证明无病再行推广。

2. 消灭零星病点 在认真普查的基础上,切实查清零星病株的位置,及时拔除,就地烧毁。发病棉田的棉籽,要进行高温处理,不作种用。收花后,要组织专人拔除病田棉株,连同枯枝落叶,集中作燃料使用,或在病田里就地烧毁。病田不再连作棉花,长期改种禾谷类作物,力求做到当年发现,当年消灭,扑灭一点,保护一片。有条件的地方,可进行土壤药剂处理,消灭零星病点。药剂消毒前,先拔除病株,将病株四周 1~2 平方米内的枯枝落叶捡拾干净,带出田外集中烧毁。然后,以病株为中心,对其周围 1 平方米的土壤灌药消毒。目前,能达到或接近铲除效果的药剂及处理方法有如下数种:

(1)溴甲烷 将病区土壤翻松,整平,并盖上地膜,每公顷土地用 525 千克溴甲烷熏蒸 15~20 天。夏季高温时实施效果最好。最早不能早于 4 月中旬,气温低于 20℃将影响其效果。熏蒸完后应揭开地膜晾晒 7~10 天,使气体完全释放,否则对棉苗有一定的影响。溴甲烷熏蒸还可有效控制土壤中的枯萎病和其他有害生物,包括杂草等。

（2）氯化苦　每平方米打孔 25 个，孔距 20 厘米，孔深 20 厘米，每孔注入药液 5 毫升。施药后，盖土踏实，泼一层水，待 10～15 天后翻土，使残留药气挥发。施用氯化苦灭菌彻底，但成本较高，且有剧毒，使用时要严格遵守操作规程，注意安全。

（3）二溴乙烷　每平方米病土用 70％的二溴乙烷 81～90 毫升，溶于 40～45 升水中（即稀释 500 倍）灌施，2 周后即可播种。

（4）二溴氯丙烷　每平方米病土用 90 毫升的二溴氯丙烷，溶于 40 升水中（即稀释 450 倍）灌施。

（5）氨水　用含氮 16％的农用氨水 0.5 千克稀释 10 倍液，每平方米病土灌施 45 千克。

（6）治萎灵（12.5％水杨多菌灵液剂）　棉花初现病症时用 200 倍液，每株灌 100 毫升，间隔 10～25 天再灌根 1 次，防治效果可达 60～85.7％。

（7）高锰酸钾　用 5～10 克加 60℃～70℃的热水 10 升配成药液，将棉种放入其中，随浸随搅拌，水温降至 30℃～40℃时，停止搅拌，再浸泡 24 小时，即可捞出晾干播种。在棉花 3～5 片真叶时，每 667 平方米取高锰酸钾 25 克，加水 25～30 升，配成药液喷第一次，开花时，用 30 克高锰酸钾加水 50～60 升，配成溶液喷施第二次。

以上这些处理药剂不仅对黄萎病有效，对枯萎病也有良好的控制效果，在消灭零星黄萎病点和轻病区也是可行的。

3. 控制并压缩轻病区　有条件的地方，病田可改种水稻、玉米、谷子和麦类等禾谷类作物，实行轮作换茬。同时，要采用无病棉种，提倡建立无病种子田。无病棉种要单收、单晒、单轧、单藏，严防混入带病种子。此外，轻病棉田要施用无病净肥，带菌棉秆、棉籽饼、棉籽壳均应妥善处理，一般不宜用来沤肥或喂牲口。病株要及时拔除当柴烧，周围的枯枝、落叶、棉铃等也要拾净烧毁。病田棉籽不可外调或是用于无病田，应全部进行高温榨油，棉饼经充分腐熟后施于稻田。

4. 综合防治措施 重病区应采取以种植抗病高产品种为主的综合防治措施,并创造有利于棉花生长发育、而不利于病菌繁殖侵染的环境条件,逐步达到减轻以至消除棉花黄萎病危害,从而提高产量的目的。综合防治的主要技术措施有:

(1)种植抗(耐)病品种 这是防治黄萎病,提高棉花产量最为经济有效的措施。生产实践证明,不抗病的丰产品种,在黄萎病重病区往往难以显示其优越性,相反还会因感病而减产,甚至绝收。目前,我国选育成的抗病、丰产和适应性较广的抗黄萎病品种,有中植棉 2 号、冀 958、中植棉 6 号、冀 298、冀 616、中棉所 63 号、中棉所 58 号、鄂杂棉 17 等。抗黄萎病品种(品系)均具有显著的抗病增产效果。

(2)实行轮作换茬 黄萎病菌在土壤中存活年限虽相当长,但在改种水稻的淹水情况下较易死亡。合理的轮作换茬,特别是与禾谷类作物轮作,可以显著减轻发病。

(3)清洁棉田,加强田间管理,及时整枝 黄萎病的病株残体能传播病菌,加重危害,因而注意清洁棉田,对重病田或轻病田都有减少土壤菌源和降低危害的显著效果。此外,深施基肥和磷、钾肥,及时排除渍水,合理灌溉等措施,都能增强棉株的抗病力,减轻黄萎病的危害。抗虫棉前期抗虫性强,下部蕾铃往往均可成铃,这样会过早消耗棉株养分,降低棉花抗病性,诱发黄萎病和早衰,故最好在现蕾后去除叶枝时去除第一至第二果枝,同时将下部 3 个果枝的花蕾数控制在 3 个以内,促进棉株的营养生长,并增强棉株的抗病性。

(4)改善土壤生态条件 棉花黄萎病原菌是一种土壤习居菌,寄主范围很广,目前已报道的寄主植物有 660 种,同时棉花黄萎病是一种维管束系统性全生育期病害,防治难度较大。实践表明,在大量增施有机肥的情况下,土壤中的病原菌数量直线下降,各种有益微生物大量增加,黄萎病发病率直线下降。每 667 平方米施 2 000～3 000 千克基肥(最好为牛羊粪肥或经过堆制腐熟的玉米秸秆),磷酸二铵 15 千克,标准钾肥 10～15 千克。重施基肥,尤其是有机肥,尽可能多施。提前追肥,有机肥、磷、钾肥全部底施,后期增施钾肥。

(5)喷施叶面肥,系统化控等诱导棉株提高抗病性　从 6 月底开始,每 7～10 天喷施叶面抗病诱导剂,如威棉 1 号、99 植保、活力素等 300～500 倍液,或与磷酸二氢钾等 300～500 倍液兑在一起喷施。8 月中旬以后还应继续喷施叶面抗病诱导剂 2～3 遍,至 9 月 10 日左右,其间可结合喷施化控,减少工作量,提高劳动效益。

采用上述措施可有效提高抗虫棉本身的抗病性,进一步提高抗耐黄萎病品种的抗病性,控制早期黄萎病发生,推迟该病发生时期,减轻对产量的影响。

二、棉花枯萎病

棉花枯萎病一度是危害棉花生产最为严重的病害之一,被称为棉花的一种"癌症"。其病原菌是尖孢镰刀菌萎蔫专化型 *Fusarium oxysporum* f. sp. *vasinfectum* (Atk.) Snyder et Hansen,属于真菌中的半知菌类丛梗孢目瘤座孢科的镰刀菌属。1993年在最后一块净土澳大利亚发现该病害后,该病害已遍布世界各产棉区。我国枯萎病的发生危害曾十分猖獗,1970～1985 年期间在各大棉区严重发生,并被列为植物检疫对象。随着棉花枯萎病在各地陆续出现,1990 年后已将它从植物检疫对象名单中取消。

早在 1892 年,Hamsen 首次报道了在美国阿拉巴马州发现棉花枯萎病,随后该病逐渐向美国各地蔓延,随着时间的推移逐步扩散到世界各国。1934 年,黄方仁报道,在江苏南通发现棉花枯萎病,这是该病害在我国发生的首次报道。随着美国引入的斯字棉4B 的推广种植,1935 年后该病害开始在我国蔓延。20 世纪 50 年代初,枯萎病只零星发生于陕西、山西、江苏等 10 个省的局部地区。但随后的 30 年里,病害蔓延扩展,危害日益严重,目前已遍及辽宁、河北、河南、山东、山西、陕西、北京、天津、甘肃、宁夏、新疆、云南、贵州、四川、湖北、湖南、安徽、江苏、浙江、江西和上海等 21 个省、市、自治区。20 世纪 70 年代,该病在陕西、四川、江苏、云南、山西、河南等省发生严重危害。

(一)症状识别

棉花枯萎病菌能在棉花整个生长期间侵染危害。在自然条件下,一般在播后 1 个月左右的苗期即出现病株。由于受棉花生育期、品种抗病性、病原菌致病力及环境条件的影响,棉花枯萎病呈现多种症状类型,现分述如下:

1. 幼苗期 子叶期即可发病,现蕾期出现第一次发病高峰,造成大片死苗。苗期枯萎病症状复杂多样,大致可归为 5 个类型:

(1)黄色网纹型 幼苗子叶或真叶叶脉褪绿变黄,叶肉仍保持绿色,因而叶片局部或全部呈黄色网纹状,最后叶片萎蔫而脱落。

(2)黄化型 子叶或真叶变黄,有时叶缘呈局部枯死斑。

(3)紫红型 子叶或真叶组织上红色或出现紫红斑,叶脉也多呈紫红色,叶片逐渐萎蔫枯死。

(4)青枯型 子叶或真叶突然失水,色稍变深绿,叶片萎垂,猝倒死亡,有时全株青枯,有时半边萎蔫。

(5)皱缩型 在棉株 5～7 片真叶时,首先从生长点嫩叶开始,叶片皱缩、畸形,叶肉呈泡状凸起,与棉蚜危害很相似,但叶片背面没有蚜虫,同时其节间缩短,叶色变深,比健康株矮小,一般不死亡,往往与黄色网纹型混合出现。

以上各种类型的出现,随环境改变而不同。在适宜发病的条件下,特别是在温室接种的情况下,多为黄色网纹型;在大田气温较低时,多数病苗表现紫红型或黄化型;气候急剧变化时,如雨后迅速转晴,则较多发生青枯型。

2. 成株期　棉花现蕾前后是枯萎病的发病盛期,症状表现多种类型。常见的症状是矮缩型,病株的特点是:株型矮小,主茎、果枝节间及叶柄均显著缩短弯曲;叶片深绿色,皱缩不平,比正常叶片增厚,叶缘略向下卷曲,有时中、下部个别叶片局部或全部叶脉变黄呈网纹状。有的病株症状表现于棉株的半边,另半边仍保持健康状态,维管束也半边变为褐色,故有"半边枯"之称。有的病株突然失水,全株迅速凋萎,蕾铃大量脱落,整株枯死或者棉株顶端枯死,基部枝叶丛生。此症状多发生在暴雨之后,气温、地温下降而湿度较大的情况下,有的地方此时枯萎病可出现第二发病高峰。

诊断棉花枯萎病时,除了观察病株外部症状,必要时应剖开茎秆检查维管束变色情况。感病严重植株,从茎秆到枝条甚至叶柄,内部维管束全部变色。一般情况下,枯萎病株茎秆内维管束显褐色或黑褐色条纹。调查时剖开茎秆或掰下空枝、叶柄,检查维管束是否变色,这是田间识别枯萎病的可靠方法,也是区别枯、黄萎病与红(黄)叶茎枯病,排除因旱害、碱害、缺肥、蚜害、药害、植株变异等原因引起类似萎蔫症状的重要依据。

(二)发生规律

1. 发病过程　棉花枯萎病是危害棉株维管束的病害。在土壤中定植的枯萎病菌,温、湿度适宜时,病菌孢子萌发的菌丝体,可从棉花根毛或伤口处(虫伤、机械伤)侵入根系内部。菌丝先穿过根系的表皮细胞,在细胞间隙中生长,继而穿过细胞壁,向木质部的导管扩展,并在导管内迅速繁殖,产生大量小孢子;这些小孢子随着输导系统的液流向上运行,依次扩散到茎、枝、叶柄、叶脉和铃柄、花轴、种子等各个部位。棉株感病枯死后,枯萎病菌在土壤中以腐殖质为生,或在病株残体内休眠,连作棉田土壤中不断积累菌源,就形成所谓的"病土",这是年复一年地重复侵染并加重发病的主要根源。枯萎病菌在土壤里的适应性很强,当遇到干燥、高温等不利环境条件时,还能产生厚垣孢子等休眠体以抵抗恶劣环境,所以病菌在土中一般能存活 8～10 年。棉田一旦传入枯萎病菌,若不及时采取防治措施,它将以很快的速度蔓延危害。枯萎病的发展尤为迅速,往往"头年一个点,二年一条线,三年一大片",几年内就能使零星发病发展到猖獗的局面。

2. 传播途径 棉花枯萎病菌的传播途径很多,主要通过下述方式传播:

(1)棉籽传播 枯萎病菌随棉籽调引而传播。追溯我国各地棉花枯萎病最初传入和逐步扩散的历史,不难发现该病大多由国外引种或调进外地病区棉籽开始的。据记载,1935 年从美国引进的大批斯字棉 4B 种子未做消毒处理就分发到泾阳等处农场和农村种植,这些地方后来成为我国棉花枯萎病发病最早、最重的病区。调引带病种子是造成棉花枯萎病远距离传播,出现新病区的主要途径。从棉籽的短绒上容易分离到枯萎病菌,从棉籽壳、棉籽仁也能分离到少量的枯萎病菌。带枯萎病菌的棉籽当年就能造成棉花发病。种子所带病菌主要在棉籽的外部,特别是在棉籽的短绒上,但经硫酸脱绒的棉籽,仍有 0.23% 的棉株发病,间接证明了棉籽内部可能带有少量的枯萎病菌。采用冷榨方法榨油,不能杀死棉籽内、外的枯萎病菌,这种棉籽饼作为肥料施用,常能使病害远距离传播。棉籽饼和棉籽壳是喂养耕牛常用的饲料,带菌的棉籽壳,通过牛的消化系统,病菌仍能存活。所以,此病亦能借带菌棉籽饼和棉籽壳传播。

(2)病株残体传病 枯萎病菌存在于病株的根系、茎秆、叶片、铃壳等各个部位,这些病株残体可直接落到地里或用于沤制堆肥,这也成为传播病害的重要途径。病株残体也是枯萎病传播的重要病菌来源。

（3）带菌土壤传病　枯萎病菌能潜存于土壤内 10 年左右不死。据国外报道,在病田停种棉花 25 年后,再种棉花仍能出现枯萎病株。由于枯萎病菌可在土壤中营腐生生活,其厚垣孢子的适应力又很强,故能长期存活。枯萎病菌在土壤里扩展的深度,常可达到棉花根系的深度,但大量的病菌还是分布在耕作层内。枯萎病菌一旦在棉田定植下来,往往就不易根除。同一块棉田或局部地区内的病害扩散,多半是由于病土的移动所致。

（4）流水和农业操作传病　枯萎病可借助水流扩散,雨后棉田过水或灌溉,能将病株残体和病土向四周传播,或带入无病田,造成病害蔓延。在病田从事耕作的牲畜、农机具以及人的手足等均能传带病菌。

3. 发病规律　在土温低、湿度大的情况下,棉花枯萎病菌菌丝体生长快;反之,在土温高而干燥的条件下,菌丝体生长慢。当气候条件有利于病菌繁殖而不利于棉花生育时,棉株感病严重。棉花生育过程中,一般会出现两个发病高峰。5 月上中旬地温上升至 20℃左右时,田间开始出现病苗;到 6 月中下旬地温上升至 25℃～30℃,大气相对湿度达 70％左右时,发病最盛,造成大量死苗,出现第一个发病高峰。待到 7 月中下旬入伏以后,土温上升至 30℃以上,此时病菌的生长受到抑制,而棉花长势转旺,病状即趋于隐蔽,有些病株甚至能恢复生长,抽出新的枝叶;8 月中旬以后,当土温降至 25℃左右时,病势再次回升,常出现第二个发病高峰。雨量和土壤湿度也是影响枯萎病发展的一个重要因素,若 5、6 月份雨水多,雨天持续 1 周以上,发病就重。地下水位高或排水不良的低洼棉田一般发病也重。雨水还有降低土温作用,每当夏季暴雨之后,由于土温下降,往往引起病势回升,诱发急性萎蔫性枯萎病的大量发生。但若土温低于 17℃,空气相对湿度低于 35％或高于95％,都不利于枯萎病的发生。

枯萎病菌在棉田定植以后,若连作感病棉花品种,则随着年限的增加,土壤中病菌量积累愈多,病害就会愈严重。棉田地势低洼、排水不良,或者灌溉棉区,一般枯萎病发病较重。灌溉方式和灌水量都能影响发病,大水漫灌往往起到传播病菌的作用,并造成土壤含水量过高,不利于棉株生长而有利于病害的发展。营养失调也是促成寄主感病的诱因。氮、磷是棉花不可缺少的营养,但偏施或重施氮肥,反能助长病害的发生。氮、磷、钾配合适量施用,将有助于提高棉花产量和控制病害发生。

棉田线虫是枯萎病发生的诱因之一,在美国认为枯萎病和线虫病是相互联系的复合性病害。棉田线虫侵害棉花根系,造成伤口,诱发枯萎病发生。枯萎病菌和线虫混接与单接枯萎病菌相比,其发病率增高。同时,感病的棉株根周围线虫数量较抗病品种为多。

枯萎病发病时期与棉花生育期有密切关系。现蕾前后进入发病盛期,若现蕾期推后,则发病高峰也顺延,发病高峰的出现不因早播而提前。

棉花不同的种或品种,对枯萎病的抗病性有很大差异。一般亚洲棉对枯萎病抗病性较强,陆地棉次之,海岛棉较差。陆地棉各品种对枯萎病的抗性差异显著,如86-1号、中棉所12号等品种抗病性很强,33B属耐病品种,而岱新陆早7号、军棉1号等品种则易感病。20世纪80年代中期以后,随着我国棉花品种抗枯萎病性能的提高,棉花枯萎病在生产上已很难见到。90年代以后,我国棉花品种大部分成为抗枯萎病品种,除新疆等内陆棉区外,华北及长江流域棉区的棉花枯萎病已基本上被有效控制。

枯萎病对棉株生育的影响很大,在苗期即引起大量死苗,造成严重的缺苗断垄,甚至毁种。幸存的棉株,大多生长衰弱或半边枯死,病株的蕾铃脱落增加,现蕾数及结铃数显著减少,铃重减轻,直接影响种子的成熟度和发芽率,纤维的长度和强度也受影响。

(三)防治方法

1. 严格保护无病区　棉花枯萎病的传播是相当迅速的,防止病害传入无病区,对发展棉花生产具有重要意义。为保护无病区,必须严格执行国家植物检疫制度,禁止病区种子调入无病区,提倡建立供种基地或留种田,就地繁育无病良种。种子工作要贯彻"四化一供"的方针,避免大量调运棉种,在确有必要调、引棉种的情况下,种子部门应与植物检疫部门密切配合,履行种子调拨和检疫手续。病区收购或病田采摘的棉花要单收单轧,专车运输,专仓贮藏,棉籽榨油要采取高温榨油方式,以防病菌经油饼而扩散外传。

2. 消灭零星病点　在认真普查的基础上,切实查清零星病株的位置,及时拔除,就地烧毁。发病棉田的棉籽,要进行高温处理,不能作种用。收获棉花后,要组织专人拔除病田棉株,连同枯枝落叶,集中作燃料使用,或在病田里就地烧毁。病田不再连作棉花,长期改种禾谷类作物,力求做到当年发现,当年消灭,扑灭一点,保护一片。有条件的地方,可进行土壤药剂处理,消灭零星病点。药剂消毒前,先拔除病株,将病株四周 1~2 平方米内的枯枝落叶捡拾干净,带出田外集中烧毁。然后,以病株为中心,将其周围 1 平方米的土壤灌药消毒。目前,能达到或接近铲除效果的药剂及处理方法有如下数种:

(1)溴甲烷　将病区土壤翻松,整平,并盖上地膜,每公顷土地用 525 千克,即每 10 平方米用 1 罐(1 磅)溴甲烷熏蒸15~20 天。夏季高温时实施效果最好,最早不能早于 4 月中旬,气温低于20℃将影响其效果。熏蒸完后应揭开地膜晾晒 7~10 天,使气体完全释放,否则对棉苗有一定的影响。溴甲烷熏蒸可有效控制土壤中的枯萎病和其他有害生物,包括杂草等。

(2)氯化苦　每平方米打孔 25 个,孔距 20 厘米,孔深 20 厘米,每孔注入药液 5 毫升。施药后,盖土踏实,泼一层水,待 10～15 天后翻土,使残留药气挥发。施用氯化苦灭菌彻底,但成本较高,且有剧毒,使用时要严格遵守操作规程,注意安全。

(3)二溴乙烷 每平方米病土用 70％的二溴乙烷 81～90 毫升,溶于 40～50 升水中(即稀释 500 倍)灌施,2 周后即可播种。

(4)二溴氯丙烷 每平方米病土用 90 毫升的二溴氯丙烷溶于 40 升水中(即稀释 450 倍)灌施。

(5)氨水 用含氮 16％的农用氨水 1 千克,对水稀释 10 倍,每平方米病土灌施 50 升。

(6)治萎灵(12.5％水杨多菌灵液剂) 在棉花初现症状时,用 200 倍液,每株灌 100 毫升,间隔 10～25 天再灌根一次,防治效果可达 60％～85.7％。

3. 控制并压缩轻病区 认真贯彻以换茬、换种为主的综合防治措施。有条件的地方,病田可改种水稻、玉米、谷子和麦类等禾谷类作物,实行轮作换茬。同时,要采用无病棉种,提倡建立无病种田。无病棉种要单收、单晒、单轧、单藏,严防混入带病种子。此外,轻病棉田要施用无病净肥,带菌棉柴、棉籽饼、棉籽壳均应妥善处理,一般不宜用来沤肥或喂牲口。病株要及时拔除当柴烧,周围的枯枝、落叶、棉铃等也要拾净烧毁。病田棉籽不可外调或是用于无病田,应全部通过高温榨油,其棉籽饼并经充分腐熟后,方可施用于稻田。棉花枯萎病地,要换茬种薄荷之后再种棉花,可较长时间防止枯萎病的发生和发展。

4. 彻底改造重病区 重病区应采取以种植抗病高产品种为主的综合防治措施,并创造有利于棉花生长发育,而不利于病菌繁殖侵染的环境条件,从而达到提高产量的目的。综合防治的主要技术措施有:

(1)种植抗病品种 这是防治枯萎病最为经济有效的措施。实践证明,不抗病的丰产品种,在枯萎病重病区往往难以显示其优越性,相反还会因感病而减产,甚至绝收。目前,我国选育成的抗病、丰产和适应性较广的抗枯萎病品种,有中植棉 2 号、冀 958、中植棉 6 号、冀 298、冀 616、中棉所 63、中棉所 58、鄂杂棉 17、豫杂 35、鲁棉研 28 等,以上品种不仅抗枯萎病,而且也抗棉铃虫和黄萎病,在病区推广可取得良好的防治棉花主要病虫害的效果,同时丰产性也很好。20 世纪 90 年代后期,随着转基因抗虫棉的推广利用,其枯萎病的抗病性亦成为我国棉花枯萎病能否持续控制的主要问题。鉴定结果表明,国产抗虫棉的枯萎病抗性普遍达到抗至高抗水平。

(2)实行轮作换茬　枯萎病菌在土壤中存活年限虽相当长,但在改种水稻的淹水情况下较易死亡。合理的轮作换茬,特别是与禾谷类作物轮作,可以显著减轻发病。研究表明,重病田改种玉米和小麦 4 年后,枯萎病发病率压低至 1% 以下,而且消除了死苗现象。此外,油菜压青对棉花枯萎病也具有一定的防治作用。

(3)适时播种,净土育苗移栽　棉花过早播种,棉苗出土迟缓,易受各种病菌侵染,引起烂种、烂芽,出苗后又易遭寒流侵袭,降低棉苗抗病能力,导致苗期枯萎病的大发生。所以,适时播种也是防治枯萎病,确保全苗的一项措施。此外,采用无病土育苗移栽,也可显著减轻枯萎病的危害。在长江流域棉区育苗移栽区,采用大苗壮苗适当迟栽,可有效推迟枯萎病的发病期,降低发病率。

(4)清洁棉田,加强田间管理　枯萎病的病株残体能传播病菌,加重危害,注意清洁棉田能减少土壤菌源,对重病田和轻病田都有显著控制效果。此外,采取深施基肥和磷、钾肥,及时排除渍水,合理灌溉等措施,都能增强棉株的抗病力,减轻枯萎病的危害。

三、棉花苗期病害

棉花苗期病害种类繁多,国内发现的已有 20 多种。苗病的危害方式,可分为根病与叶病两种类型。其中由立枯病、炭疽病、红腐病和猝倒病等引起的根病最为普遍,是造成棉田缺苗断垄的重要原因;由轮纹斑病、疫病、褐斑病和角斑病等引起的叶病,在某些年份也会突发流行,造成损失。一般而言,在北方棉区,苗期根病以立枯病和红腐病为主,在多雨年份,猝倒病也比较突出,炭疽病的出现率相当高;叶病主要是轮纹斑病。在南方棉区,苗期根病以炭疽病为主,其次是立枯病,红腐病较北方棉区为少;叶病主要是褐斑病和轮纹斑病,近年来棉苗疫病和茎枯病在局部地区也曾造成严重损失。

此外,由于灾害性天气的影响或某些环境条件不适宜,棉花苗期还会发生冻害、风沙及涝害等生理性病害。新疆棉区为了抢墒,棉花播种较早,往往 3 月底即开始播种,因而冻害、风沙时有发生,有些年份因此造成四、五次毁种重播。

(一)症状识别

棉苗病害由真菌或细菌的侵染引起。棉花种子带菌、棉田土壤中的大量病株残体,是苗病的侵染来源。

棉苗根病实际上是多种病原的复合性病害。根病的症状,按棉苗发育时期可分为出苗前的烂籽和烂芽,以及出苗后的烂根和死苗。①烂籽:播种以后,种子上和土壤中的病菌如炭疽病菌、立枯病和红腐病菌,在低温高湿的条件下都会引起烂籽。②烂芽:种子发芽后到出苗以前,土壤里的立枯病菌、猝倒病菌和红腐病菌等,会侵害幼根、下胚轴的基部,导致烂芽。③烂根:立枯病菌、猝倒病菌和红腐病菌都会引起烂根。立枯病菌引起的黑色根腐,病斑呈缢缩状;红腐病菌引起的烂根,起初是锈色,后成黑褐色干腐;猝倒病菌引起的烂根是水渍状淡黄色软腐。④死苗:出苗后的死苗,以立枯病菌、炭疽病菌、猝倒病菌和红腐病菌为主要病原,其中以立枯病菌引起的死苗最常见。

主要的苗期病害的病原及症状如下:

1. 立枯病 棉苗立枯病在我国各主要产棉区都有发生,每年均可在田间出现,黄河流域发生比较普遍,是北方棉区苗病中的主要病害,常造成整穴棉苗的死亡,使棉田出现缺苗断垄。立枯病是世界性的病害之一。致病菌是 *Rhizoctonia solani* Khün。

主要症状是:幼苗出土前造成烂籽和烂芽。幼苗出土以后,则在幼茎基部靠近地面处发生褐色凹陷的病斑;继而向四周发展,颜色逐渐变成黑褐色;直到病斑扩大缢缩,切断了水分、养分供应,造成子叶垂萎,最终幼苗枯倒。发病棉苗一般在子叶上没有斑点,但有时也会在子叶中部形成不规则的棕色斑点,以后病斑破裂而穿孔。病原菌由菌丝体繁殖,菌丝体在生长初期没有颜色,后期变为黄褐色,多隔膜,这是立枯病菌最易识别的特征。

以低温多雨适合发病,湿度越大发病越重。立枯病菌侵入棉苗的最适地温为 17℃～23℃,23℃ 以上其致病力逐渐下降,至34℃时棉苗即不受侵害。

2. 炭疽病 棉苗炭疽病在我国各主要棉区都有发生,每年均可在田间出现,与立枯病相反,炭疽病在长江流域发生比较普遍,是南方棉区苗病中的主要病害,常造成棉苗生育延迟,是世界性的病害之一。

主要症状是:当棉籽开始萌发后,病菌即可入侵,常使棉籽在土中呈水渍状腐烂;或幼苗出土后,先在幼茎的基部发生紫红色纵裂条痕,以后扩大成皱缩状红褐色梭形病斑,稍凹陷,严重时皮层腐烂,幼苗枯萎。炭疽病常在子叶的边缘形成半圆形的褐色病斑,病斑的边缘红褐色,干燥情况下病斑受到抑制,边缘呈紫红色,天气潮湿时病斑表面出现粉红色,叶缘常因病破裂。

致病菌是 *Colletotuichum gossypii* Southw,主要危害幼茎和子叶,但在后期也是叶斑和棉铃病害的主要病原菌之一。病原菌一般无性繁殖,有性世代很少见到。病斑表面常产生红褐色黏物质,为病菌产生的大量分生孢子,孢子椭圆形,有时稍弯曲,无色,两端略圆或一端稍尖。

传播流行:种子是主要的传播媒介,病菌主要以粉孢子在棉籽短绒上越冬;此外,病菌还可随染病的茎、叶及棉铃等落入土中,使田间土壤带菌,雨水飞溅,使病菌污染棉铃,从而使种子带菌;同时,存在于土壤中的病菌也能成为翌年的侵染源。该病流行的决定因素是温度与湿度,棉苗在多雨潮湿、低温时最容易发病,致病适温为25℃～30℃,在一定的空气相对湿度条件下,温度是影响该病发生严重与否的重要因素。在温度适宜时,空气相对湿度是左右该病流行蔓延的决定因子。空气相对湿度在85%以上时,该病就会加剧危害;空气相对湿度低于70%时,则不利于发病。在连续阴雨的情况下,往往导致温度下降,不利于棉苗生长,容易诱发病害流行。如长江流域棉区,苗期正值低温多雨,该病发生严重,成为主要苗期病害。而秋季如遇连绵秋雨,则棉铃炭疽病也重。

3. 猝倒病 由真菌 *Pythium aphanidermatum* (Eds.) Fitz. 的寄生引起。多在潮湿条件下发病,主要危害幼苗,也能侵害棉籽和露白的芽。最初在茎基部出现黄色水渍状病斑,严重时成水肿状,并变软腐烂,颜色转成黄褐,棉苗迅速萎倒。它与立枯病不同之处,是茎基部没有褐色凹陷病斑,在高湿情况下,棉苗上常产生白色絮状物。

4. 红腐病 致病菌为多种镰刀菌,主要是 *Fusarium monili-forme* Sheld.。病菌侵害棉苗根部,先在靠近主根或侧根尖端处形成黄色至褐色的伤痕,使根部腐烂,受害重时也会蔓延到幼茎。染病棉苗的子叶边缘常常出现较大的灰红色圆斑,在湿润气候条件下,病斑表面会产生一层粉红色孢子。在黄河流域棉区,苗期根病以红腐病的出现率最高,但其致病力则较弱。感染红腐病的幼苗,通常生长迟缓,发病严重的也会造成子叶萎黄,叶缘干枯,以致死亡。病原菌只产生无性世代。分生孢子有两种:大型分生孢子镰刀形,有3~5个隔膜;小型分生孢子椭圆形,两端稍尖,无隔膜。

5. 轮纹斑病　轮纹斑病(黑斑病)是棉花生长中、后期常见的病害,但以苗期危害子叶的损失较重。病害由多种链格孢菌引起,主要为 *Alternaria tenuis* Nees,多发生在衰老的子叶上,严重时也可蔓延到初生真叶,引起死苗。被害子叶,最初发生针头大小的红色斑点,逐渐扩展成黄褐色的圆形至椭圆形病斑,边缘为紫红色,一般具有同心轮纹。发病严重时,子叶上出现大型的褐色枯死斑块,造成子叶枯死脱落。叶片和叶柄枯死后,菌丝会蔓延到子叶节,造成茎组织甚至生长点死亡。病菌分生孢子梗单一而短,分生孢子有许多纵隔和横隔,都是黑褐色。

6. 褐斑病　致病菌是叶点霉菌,国内已记述了两个种:*Phyllosticta gossypina* Ell. et Martin 和 *P. malkoffii* Bub.。最初在子叶上形成紫红色斑点,后扩大成圆形或不规则黄褐色病斑,边缘为紫红色,稍有隆起。在苗期多雨年份往往发病严重,以致子叶和真叶满布斑点,引起凋落,影响幼苗生长。病斑表面散生的小黑点,是病菌的分生孢子器。分生孢子器为球形,暗褐色,直径为46~92微米。孢子无色,单细胞,长椭圆形。

7. 疫病　在国内,疫病是20世纪70年代左右才被发现的棉苗病害。致病菌为疫霉属真菌。在人工接菌的条件下,棉苗疫病菌可以危害棉铃;铃疫病菌也可以侵害棉苗。棉苗疫病菌为 *Phytophthora boehmeriae* Saw.。棉苗疫病在长江流域棉区的浙江、湖北省部分地区比较流行,一些年份还造成大的损失,如1973

年和 1977 年因该病造成 17 000 公顷棉苗死亡。1976 年,在江苏省启东县疫病死苗重播面积高达 60%~70%。病斑圆形或不规则形,水浸状,病斑的颜色开始时略显暗绿色,与健康部分差别不大,随后变成青褐色。在病斑出现不久,天气放晴,空气相对湿度很快下降,病斑部分失水呈淡绿色,遇日光照射后,不久呈黄褐色,病健部分界限明显,以后转成青褐色以至黑色。在高湿条件下,子叶水浸状,像被开水烫过一样,造成子叶凋枯脱落。真叶期症状与子叶期相同,严重时子叶和真叶一片乌黑,全株枯死。

8. 角斑病 致病菌为细菌 *Xanthomonas malvacearum* (Smith) Dowson。该病可以发生在棉株地上各个部分,在整个生长过程中都会受到感染,苗期有时也会发生。幼苗染病后,先在子叶背面出现水渍状透明的斑点,逐渐转变成黑色,严重时子叶枯落。如遇多雨天气,病菌可自叶柄侵入幼茎,形成黑绿色油浸状长形条斑,严重时幼茎中部变细,折断死亡。病原细菌为短棒状,常 2~3 个连成链状,一端有 2~3 根鞭毛。病菌借风雨传播,由棉株的气孔侵入危害。

(二)发生规律

种子携带苗期病害病原菌的种类虽然很多,但它们的传染途径大体上都是通过种子和土壤。

1. 种子携带 炭疽病、红腐病、角斑病和茎枯病的病菌,都可以在棉花铃期发生危害。这些病菌可以附着在种子的外部或潜伏在种子的内部,以种外携带为主。种子表面带菌率为 12%~14%,内部带菌率为 0.1%~3.8%。来自种子的病原菌(一般可存活 1~3 年),能随种子播入土中,侵害棉苗。它们还可以随着棉铃病害和枯枝菌叶等带病组织,在土壤或土粪中越冬。炭疽病、红腐病和角斑病的病菌等,以种子传带为主,而茎枯病菌等则多附在带病组织上。在新棉区,种子是唯一的传染源。

2. 土壤传染　立枯和猝倒等病菌都存活于土壤中。它们能侵入棉花幼芽或幼茎的组织中,吸取营养物质,幼苗死亡后,病菌仍然存留于土壤中。这些病菌的寄主范围都相当广泛,能侵染豆科和茄科等多种作物,禾谷类作物对这些病菌具有一定的抵抗力,一般受害较小。因此,棉花与禾谷类作物轮作,在一定程度上可以减轻立枯病等病害的危害。

棉花由播种到出苗,经常受到多种病原菌的包围,当外界条件有利于棉苗的生长发育时,即使有病菌存在,棉苗仍可正常生长;相反,当外界条件不利于棉苗生长发育而有利于病菌侵入时,就会造成烂籽、烂芽、病苗和死苗。总的说来,低温和高湿均不利于棉苗正常生长而有利于病菌的危害,所以在棉花播种出苗期间如遇低温阴雨,特别是温度先高然后骤然降低时,苗病发生一定严重。

各种病原菌对温度的要求范围大体相同,而其发病适温又各有差别。一般而言,10℃～30℃是多种病原菌孳生较适宜的温度。立枯病菌甚至在5℃～33℃的条件下都能生长。病害发生与土壤温度关系十分密切,棉籽发芽时遇到低于10℃的地温,会增加出苗前的烂籽和烂芽;病菌在15℃～23℃时最易于侵害棉苗。据国外研究,温度影响到棉苗渗出物营养物质的数量,从发芽的棉籽中渗流出来的氨基酸和可溶性糖的总量,以18℃～24℃时为最高。这种渗出物诱使病菌接近正在发芽的种子,从而导致其侵染幼嫩组织。猝倒病通常在地温10℃～17℃时发病较多,超过18℃发病减少。有些病菌则在温度相对较高时易于侵染棉苗,如炭疽病最适温度是25℃左右,角斑病是21℃～28℃,轮纹斑病和疫病为20℃～25℃。各种苗病发生的轻重、早晚与当年苗期温度情况密切相关。立枯病与猝倒病发病的温度较低,所以在幼苗子叶期发病较多。猝倒病多发生在4月下旬至5月初,造成刚出土的幼苗大量死亡;立枯病的危害主要在5月上中旬。整个苗期,炭疽病和红腐病都会发生,前者在晚播的棉田或棉苗出真叶后仍继续危害。

轮纹斑病和疫病多在棉苗后期发生,危害衰老的子叶和感染初生的真叶。

高湿有利于病菌的发展和传播,也是引起苗病的重要条件。阴雨高湿,土壤湿度大,对棉苗生长不利,却有利于病菌的蔓延。棉苗出土后,长期阴雨是引起死苗的重要因素,雨量多的年份死苗重。空气相对湿度小于70%,炭疽病发生不会严重;空气相对湿度大于85%,角斑病菌最易侵入棉苗危害。在涝洼棉田或多雨地区,猝倒病发生最普遍。利用塑料薄膜育苗,如床土温度控制不好,发病也严重。多雨更是苗期叶病的流行条件,轮纹斑病和疫病等均在5、6月份连续阴雨后大量发生。棉田高湿不利于棉苗根系的呼吸,长期土壤积水会造成黑根苗,导致根系窒息腐烂。

苗病的感染与苗龄有关。刚发芽时很少感病,自种壳脱落、子叶平展开始染病,在两片子叶完全张开到开始生长侧根和出真叶时染病最重。随着苗龄的增长,棉苗茎部木栓组织逐渐形成,增强了抗病能力,感病逐渐减轻,以至不再感病。在幼苗阶段,棉苗生长主要靠种子内贮存的养料,开始出真叶时,种子贮存的养分消耗殆尽,而根系尚未发育完善,此时棉苗的抗逆力最弱,因而最易感病。后随着侧根和真叶的生长,棉苗能制造足够的养料,抗病能力亦随之增强。尽管炭疽病和立枯病在10℃～30℃都可致病,但田间死苗高峰期常出现于棉苗出土后的15天左右,即1片真叶期前后,待到出真叶后苗病便显著减少。因此,采用育苗移栽能促进幼苗生长,加快渡过抗逆力最弱的子叶期,亦不失为一种预防苗病的有效措施。

苗期病害从3个方面影响棉花生产:一是导致重病棉田的毁种,造成棉花实收面积减少;二是造成缺苗断垄及生育延迟,影响棉田的合理密植及早熟高产;三是重病棉田的重种或补种,造成种子的浪费和品种的混杂,影响良种繁育推广。总之,苗病的发生,不仅造成种子、劳力和时间的浪费,更重要的是将良种变混杂,早苗变晚苗,壮苗变弱苗,严重影响棉花的产量和品质。

(三)防治方法

1. 农业防治　苗期病害的发生和发展,决定于棉苗长势的强弱、病菌数量的多少及播种后的环境条件。防治措施的要点就是减少病菌数量,并采用各种农业技术造成有利于棉苗生长发育、而不利于病菌滋生繁殖的环境条件,从而保证苗全苗壮。由于病原菌种类多,发生情况复杂,发病的轻重与棉田土质、当年气候、茬口安排、耕作管理及种子质量等都有密切的关系。所以,在防治上要强调以预防为主,采用农业栽培技术与化学药剂保护相结合的综合防治措施。

(1)选用高质量的棉种,适期播种　高质量的种子是培育壮苗的基础,棉种质量好,出苗率高,苗壮苗齐。以5厘米土层温度稳定达到12℃(地膜棉)~14℃(露地棉)时播种,即气温平均在20℃以上时播种为宜,因为早播引起棉苗根病的决定因素是温度,而晚播引起棉苗根病的决定因素则是土壤湿度。

(2)深耕冬灌,精细整地　北方地区一熟的棉田,秋季深耕可将棉田内的枯枝落叶等,连同病菌和害虫一起翻入土壤下层,对防治苗病有一定的作用。秋耕宜早。冬灌应争取在土壤封冻前完成,冬灌比春灌病情指数减少10~17。进行春灌的棉田,也要尽量提早,因为播前灌水会降低地温,不利于棉苗生长。南方地区两熟的棉田,要在麦行中深翻冬灌,播种前抓紧松土除草清行,冬翻两次、播前翻一次的棉田,苗期发病比没有翻耕的棉田为轻。

(3)深沟高畦　南方棉区春雨较多,棉田易受渍涝,这是引起大量死苗的重要原因。棉田深沟高畦可以排除明涝暗渍,降低土壤湿度,有利于防病保苗。

(4)轮作防病　在相同的条件下,轮作棉田比多年连作棉田的苗病轻,而稻棉轮作田的发病又比棉花与旱粮作物轮作的轻。据研究,前茬为水稻的棉田,棉花苗期炭疽病发病率为 4.7%～6.3%,而连作棉田为 11.7%～12.5%。棉田经种 2～3 年水稻后再种棉花,苗期防病效果在 50% 以上。因此,合理轮作有利于减轻苗病,在有水旱轮作习惯的地区,安排好稻棉轮作,不仅可以降低苗病发病率,还有利于促进稻棉双高产。

2. 种子处理 苗期根病的传染途径,主要是种子带菌和土壤传染,因而在防治上应多采用种子处理和土壤消毒的办法,来保护种子和幼苗不受病菌的侵害。种子处理比较简便省药,是目前防治苗病最常用的方法。

(1)温汤浸种 温汤浸种是北方棉区广大群众创造的兼有催芽和杀菌作用的好经验。恰当掌握浸种的温度和时间,可以杀死附在种子内外的病菌,而又不影响种子的发芽率。棉籽经 55℃ 的热水浸 30 分钟或 60℃ 的热水浸 20 分钟,能使发病率大幅度下降,而不影响成熟种子的发芽。温汤浸种对棉苗炭疽病的防治效果明显,对红腐病也有一定的作用;但对土壤传染的病害,如立枯病和猝倒病则无效。温汤浸种有它的局限性,采用时要因地制宜。在春季干旱的北方棉区,如用毛籽(不脱短绒的种子)播种时,温汤浸种不仅可以杀菌,出苗也能提早 1～3 天,而且棉苗茁壮整齐。但在南方棉区,一般因春雨较多,土壤湿度大,温汤浸种促进发芽的作用就不明显,如果浸种后遇雨不能及时播种,还会造成种子霉烂,所以一般都习惯于播种干棉籽。对于包衣种子则不能温汤浸种。目前,生产上大部分采用包衣种子,温汤浸种已很少采用。

(2)药液浸种 药液浸种或闷种,是 20 世纪 60～80 年代常用的防治棉花苗期病害、枯萎病和黄萎病的主要措施。方法为用抗菌剂"401"或"402"的稀释液浸种或闷种,可有效消灭棉籽上的炭疽病菌,出苗也可提早 3～4 天。浸种时先配好稀释液,每 250 千克棉籽用"401"、"402"药液 1 千克,兑清水 2 000 升,播前浸泡 24 小时。也可简化为用"401"药液 1 千克,对水 100 升,用喷雾器均匀喷洒在 500 千克棉籽上,然后堆起用麻袋盖好,闷种 24～36 小时。但随着种子包衣技术的发展,目前棉种大部分为包衣的种子,药液浸种或闷种已基本上被淘汰。

(3)药剂拌种 因为种子和土壤携带多种病原菌,进行药剂拌种对保护棉苗安全出土和正常生长,具有十分重要的作用。防治苗期根病有效的药物,还有拌种灵、三氯二硝基苯、甲(乙)基硫菌灵、20％甲基立枯磷、35％苗病净 1 号等,用量大体都是每 100 千克棉种拌药 0.5 千克。包衣种子的推广使用,药剂拌种现已很少采用。

(4)种衣剂的应用 随着科技的进步,内吸杀虫和防病药剂的出现及固着剂的发明,为棉花苗期病害的防治提供了崭新而有效的措施。20 世纪 90 年代中期以后,随着棉花种子的商品化和产业化进展,以及抗虫棉的出现,棉花种衣剂的使用已成为棉种处理的必要手段。种子包衣能有效防治棉苗病虫害和地下害虫,明显提高出苗率,促进棉苗生长和提高棉花产量,兼其功效多、价格低、使用方便等优点,已在生产上得到大面积推广应用。如 16％吡·多·菱种衣剂、63％吡·菱·福干粉种衣剂、24％多·克·唑种衣剂、17％多·福种衣剂、15％多·福·唑种衣剂、20％福·甲种衣剂,不同生态区应根据具体情况采用对应的棉花种衣剂。该技术已成为目前生产上最切实可行的防治各种棉花苗期病害的方法。

3. 苗期喷药保护 棉苗出土后还会受轮纹斑病和褐斑病等苗期叶病的侵害,因此要喷药保护棉苗,预防叶病。在棉花齐苗后,遇到寒流阴雨,轮纹斑病和褐斑病等就会发生,要在寒流来临前喷药保护。防治叶病的药剂有 1∶1∶200 波尔多液,65％代森锌可湿性粉剂 250～500 倍液,25％多菌灵可湿性粉剂 300～1 000 倍液,50％克菌丹 200～500 倍液等。

四、棉铃病害

在我国已发现能引起棉花棉铃病害的病菌约有 20 多种,各主要棉区棉铃病害病原菌的种类大体相同。在黄河流域棉区,常见的棉铃病害病菌,有疫病菌、红腐病菌、印度炭疽病菌、炭疽病菌、角斑病菌、红粉病菌、丝核菌、焦斑病菌、链格孢菌、黑果病菌、蠕子菌、根霉菌和曲霉菌等。其发生的特点是:第一,棉铃疫病最为普遍,在河南和河北等地,有时占棉铃病害总数的 90% 以上,其次为红腐病、印度炭疽病和炭疽病;第二,除个别雨水特多的年份外,角斑病在陆地棉推广品种上发生较少,但在小面积试验的海岛棉上发病相当严重;第三,本棉区除局部地区外,炭疽病、棉铃病害比长江流域棉区为轻。

在长江流域棉区,常见的棉铃病害病菌,有炭疽病菌、角斑病菌、红腐病菌、花腐病菌、黑果病菌、印度炭疽病菌、根霉菌、红粉病菌、疫病菌、链格孢菌、小叶点霉菌、青霉菌、黑子菌、斑纹病菌、曲霉菌、蠕子菌、黑斑病菌和污叶病菌等 18 种,其中以前 3 种最为主要。随着棉花栽培技术及产量的提高,近年来棉铃病害的主次顺序有所变化,疫病已上升为棉铃病害的主要病害之一。但炭疽病仍属棉铃病害最主要的病害,这一特点与本棉区苗期炭疽病较重的情况一致。

(一)症状识别

1. 疫病 铃疫病菌 *Phytophthora boehmeriae* Sawada 多危害棉株下部的成铃,发病主要在 7、8 月份。病斑先从棉铃基部或从铃缝开始出现,青褐色至青黑色,水浸状。起初病斑表面光亮,健部与病部界限清晰,逐渐向全铃扩展后,病斑变成中间青黑色、边缘青褐色,健部与病部界限变成模糊不清。单纯疫病危害的棉铃,发病后期在铃壳表面产生一层霜霉状物,即疫病菌的孢子囊和菌丝体。但在一般情况下,往往有大量红腐病菌伴随发生,以致原来疫病的症状被掩盖。铃疫病菌的菌丝体无色、无隔,老熟菌丝及生殖菌丝有隔。孢子囊梗无色单生或假轴状分枝。孢子囊无色,老熟后浅黄色至深褐色;卵器球形、光滑,成熟后黄褐色。雄器主要为基生,也有侧生的,球形至桶形,壁薄无色。卵孢子球形,成熟时黄褐色。

2. 红腐病　棉铃红腐病由多种镰刀菌引起,主要病原菌是 *Fusarium moniliforme* Sheld. 和 *Fusarium epuiseti* (Corda) Sacc.。它是结铃后期常见的病害,多发生在受伤的棉铃上。当棉铃受疫病、炭疽病或角斑病的侵染后,以及受到虫伤或有自然裂缝时,最易引起棉铃红腐病。病斑没有明显的界限,常扩展到全铃,在铃表面长出一层浅红色的粉状孢子或满盖着白色的菌丝体。病铃铃壳不能开裂或只半开裂,棉瓤紧结,不吐絮,纤维干腐。病原菌的分生孢子有大小两种,大孢子镰刀形,有 3~5 隔膜;小孢子卵形或椭圆形,无隔或有一个分隔。

3. 炭疽病　炭疽病菌 *Colletotrichum gossypii* Southw. 多在 8 月中旬至 9 月下旬危害棉铃。病铃最初在铃尖附近发生暗红色小点,逐渐扩大成褐色凹陷的病斑,边缘紫红色而稍为隆起。气候潮湿时,在病斑中央可以看到红褐色的分生孢子堆。受害严重的棉铃整个溃烂或不能开裂。在苗期炭疽病严重的地方,生长后期棉铃炭疽病往往偏生发生。病菌可直接侵染无损伤的棉铃。

4. 印度炭疽病　印度炭疽病菌 *Colletotrichum indicum* Dastur 侵染棉铃,开始铃壳深青色,病部与健部界限明显,与疫病危害初期相似。当病斑尚未产生孢子时,两者不大容易区分。但印度炭疽病的病斑发展较慢,最后变成褐色,略凹陷,会产生灰黑色颗粒状分生孢子堆,与产生霜霉状物的疫病病斑不一样。在棉铃受疫病等病害侵染后或者有虫伤时,印度炭疽病较易发生。病原菌的分生孢子为无色,单孢,新月形;分生孢子盘上刚毛很多。苗期也可侵染子叶和幼茎,但不多见。寄主范围比棉炭疽病广泛,能侵染茄科和豆科等多种植物。

5. 黑果病 黑果病菌 *Diplodia gossypina* Cooke 多在结铃后期侵染棉铃。棉铃一般在受伤的情况下发病,病菌也可直接穿入铃壳壳皮危害棉铃。受害的棉铃后期出现一层绒状黑粉,这是由分生孢子器散出来的分生孢子。通常病铃发黑,僵硬,多不开裂。分生孢子器呈暗褐色,球形,有乳头状孔口,可大量散出分生孢子。分生孢子椭圆形,无色,单胞,成熟后变成褐色,有一横隔,群集在铃壳表面,黑绒状。

6. 红粉病 红粉病菌 *Cephalothecium roseum* (Link) Corda 危害棉铃,症状略似红腐病。铃壳及棉瓤上满布着淡红色粉状物,粉层较红腐病厚而成块状,略带黄色,天气潮湿时呈绒毛状。棉铃不能开裂,棉瓤干腐。病菌的分生孢子梗丝状,直立,顶上生出一束略带弯曲的短梗,各着生一个孢子。分生孢子倒梨形,双胞,无色。

7. 软腐病 病原菌为根霉菌 *Rhizopus nigricans* Ehrenberg.,危害棉铃,最初出现深蓝色伤痕,有时呈现叶轮状褐色病斑,以后病斑扩大,发展成软腐状,上生灰白色毛,干枯时变成黑色。病菌的孢子囊球形,孢子囊梗灰褐色,短而丛生。

8. 曲霉病 由曲霉菌 *Aspergillus* spp. 引起,先在铃壳裂缝处产生黄褐色霉状物,以后变成黑褐色,将裂缝塞满,病铃不能开裂。病菌分生孢子梗无色,顶端呈球形,从球面上抽出许多小梗,梗端串生着黄褐色或黄绿色的球形分生孢子。

9. 角斑病 角斑病由细菌 *Xanthomonas malvacearum* (Smith) Dowson 引起。它是铃期病害中发生最早的一种,多在 7 月中旬至 9 月初发生。感病的棉铃开始在铃柄附近出现油渍状的绿色小点,逐渐扩大成圆形病斑,并变成黑色,中央部分下陷,有时几个病斑连起来成不规则形状的大斑。角斑病菌可危害幼铃,幼铃受害后常腐烂脱落;成铃受害,一般只烂 1~2 室,但亦可引起其他病害侵入而使整个棉铃烂掉。

(二)发生规律

我国常见的主要棉铃病害病菌,按其致病方式可分为两类:一类是可以直接侵害棉铃的,有角斑病、炭疽病、疫病和黑果病等病的病菌;另一类属于伤口侵染,有些甚至是半腐生性的,有红腐病、红粉病和印度炭疽病等病的病菌,多从伤口、铃缝或病斑侵入而引起棉铃病害。

棉铃病害发病率的高低在年际间差异较大,但发病的起止时期及发病盛期在同一地区却大体一致。据各地不同年份的系统调查,棉铃病害一般开始发生于 7 月底,8 月上旬以后迅速增加,8 月下旬(有的年份是中旬)为发病盛期,9 月上旬以后,发病率陡降,但直到 10 月份还可以看到有零星棉铃病害发生。发病时期前后延续近 3 个月,但主要发生在 8 月上旬至 9 月上旬的 40 天中,而尤以 8 月中下旬最为重要,这个时期发病率的高低常决定当年棉铃病害的轻重。在长江流域棉区,棉铃病害一般在 8 月中旬开始发生,主要发病期在 8 月中旬至 9 月中旬,而以 8 月底至 9 月上中旬的棉铃病害损失最重,9 月下旬以后棉铃病害即减少,但延至 10 月仍有零星发病。如 1976 年在上海郊区棉铃病害发生于 8 月下旬,9 月份盛发,后期长势旺的棉田,10 月上中旬棉铃病害还有发生。1977 年棉铃病害主要发生于 8 月上旬至 9 月下旬。一般而言,长江流域棉区棉铃病害发生的起止时期及发病盛期,都比黄河流域棉区稍晚,这似与雨季迟早不同有关(前者秋季阴雨常出现于 8、9 月份,而后者雨季主要集中于 7、8 月份)。

每年棉铃病害发生的早晚,往往与棉花生长发育的早晚有关。

开花较早的棉田,棉铃病害开始发生时期及发病盛期都较早,棉铃病害一般比较重;开花较晚的棉田,发病时期和发病盛期都相应地后延,棉铃病害也较轻。

关于棉铃病害发生期的预测:棉铃病害是在棉株一定的生育时期发生的病害。不同的年份或不同的棉田,棉铃病害发生的早晚和轻重常因棉株生育状况不同而异。一般棉铃病害主要发生于下部果枝,第一圆锥体的棉铃病害又占全株棉铃病害总数的1/2以上,发病棉铃的龄期主要在开花后 30~50 天,发病高峰则在40~50 天之间。但棉株营养生长过旺的棉田,棉铃发病龄期常可提早到 20~30 天,发病部位也可上升到中部果枝。据此即可预测棉田棉铃病害的发生时期和发生程度,并决定采用药剂保护的适宜时期和重点田块。

棉花棉铃病害与 8、9 月间的降雨有密切关系,特别是在 8 月中旬至 9 月中旬的 1 个多月内,雨量和雨日的多少是决定全年棉铃病害轻重的重要因素。各地的调查研究都一致说明,棉铃病害率高低与这个时期降雨多少成正相关。在同一地区,棉铃病害率的年际差异相当大,这主要是受降雨的影响。

降雨不仅影响到棉铃病害发生的轻重,也影响到棉铃病害的发生时期。但是,不同年份棉铃病害率的高低并不与各年降雨量的多少成直线相关,这就涉及降雨时期的问题。实践证明,降雨时期与棉铃病害发生盛期(即棉株下部果枝的棉铃成熟开裂期)相吻合的年份,棉铃病害就较重;如两个时期错开,则棉铃病害发生较轻。

棉铃病害病原菌的孳生及侵染棉铃,需要有一定的温度条件。棉铃疫病发生的最适宜温度为 22℃~23.5℃,15℃~30℃都能侵染棉铃,致病适温在 24℃~27℃。

常见的棉铃病害病菌,如红腐病菌、印度炭疽病菌及花腐病菌等,都是在棉铃受损伤的情况下侵染与危害而造成的。炭疽病菌和疫病菌虽然可以侵染没有损伤的棉铃,但棉铃受损伤则为病菌侵染提供更为有利的条件。炭疽病菌田间接菌试验结果表明,在同等条件下,有伤口的棉铃比没有损伤的棉铃发病提早 2～4 天。由此可见,棉铃受到损伤更易导致棉铃病害的发生。

(三)防治方法

防治棉花棉铃病害,目前还缺乏较成熟的经验,有待继续进行研究。下列几项措施在不同程度上有助于防止棉铃病害和减少损失。

1. 药剂保护 在铃病发生前喷洒化学药剂具有一定的防治效果,但在应用上还有不少需要解决的问题。如棉花铃期 8 月上中旬和下旬喷洒波尔多液(1：1：200)2～3 次,能明显减轻棉铃病害率。在治虫较彻底的棉田,单用波尔多液、代森锌、福美双防治棉铃病害,可达到 50% 以上的防治效果。

虽然在试验中发现不少对棉铃病害病菌有防效的杀菌剂,但在实际应用上仍是一个需要继续探讨的问题。由于棉铃病害多发生在棉株生长较旺盛的丰产棉田,发病时期在 7 月底以后,这时棉田都已封行,棉铃病害发生又主要集中在下部果枝上,而且都在多雨季节发病严重,因而用喷药的方法防止棉铃病害常遇到 3 个问题:一是因棉田枝叶茂密,用现有的喷雾器喷药,药液不易均匀喷洒到下部棉铃上;二是喷洒到棉铃上的药液会被雨水冲刷而影响防治效果;三是这时在田间喷药易折断果枝,碰掉棉铃,造成人为的损失。目前,用化学药剂防治棉铃病害,在技术上还有待于改进提高,国内外正在广泛探索其他化学保护途径。

2. 加强田间管理 整枝摘叶,改善棉田通风透光条件。在生长茂盛的棉田整枝摘叶,使通风透光良好,降低湿度,对减少棉铃病害有一定的作用。同时,要抢摘病害棉铃,减少损失。在棉铃病害开始发生时,及时摘收棉株下部的病铃,在场上晒干或在室内晾干,再剥壳收花,可以减少病菌由下而上地传播,减轻受害棉铃的损失。如及时收摘病害棉铃,尚可收回 60% 以上的产量。如不收摘,许多轻病铃会发展成重病铃,而重病铃会落地烂掉,这样产量损失就更重。因而应及早动手,抢摘病铃,尚不失为一项容易做到而见效较快的措施。

3. 利用植株避病特性,培育抗病品种　利用棉株的避病性状培育抗病品种,是一个有希望的防止棉铃病害的途径。但因环境及生育状况不同,表现不稳定。一般说来,晚熟、铃大、果枝长及果节节间长的品种,棉铃病害较轻;而早熟、铃多及果枝短的品种,感病较重。

在美国已注意到棉铃的苞叶与棉铃病害关系密切。如从健康的棉铃内部仅分离到 2 个属能引起腐烂的真菌,但从经过表面消毒的苞叶可以分离到 14 个属的真菌。在保湿情况下进行试验,当接种黑果病菌后,带苞叶的棉铃发病率达 82.5%,而不带苞叶的棉铃只有 22%;不接菌的对照,带苞叶的棉铃发病率为 28%,而不带苞叶的棉铃只有 5.5%。将开花后 35 天的青铃经表面消毒后置于保湿箱中,只要去掉苞叶棉铃病害就不会发生。苞叶除本身带菌外,在高湿情况下还会促使棉铃腐烂。因此,认为在多雨地区培育一种小苞叶或无苞叶的棉花品种将有助于防止棉铃病害。

培育抗棉铃病害品种,在美国已取得初步成果。龙卡多里等在 1972~1973 年用避病品系 OFN-1600 进行田间试验,这个品系具有鸡脚叶型、窄苞叶和无蜜腺等避病特性。鸡脚叶型由于叶缘缺刻比一般推广品种深,叶面积大为减少。窄苞叶的特点是苞叶长而窄,并向外扭曲生长。因此,这两个特性使植株和棉铃周围干燥较快,加上无蜜腺这个特性消除了病菌侵入棉铃的天然孔道,从而使 OFN-1600 成为一个避病品系。田间试验结果表明,OFN-1600 比珂字 201 棉铃病害减少 70%,比岱字棉 16 棉铃病害减少58%~81%。美国路易斯安那州农业试验站从斯离棉中选育出两个透光良好的棉花新品种冈博(Gumbo,具有鸡脚叶性状)和普隆托(Pronto,具有超鸡脚叶性状),据 1975 年和 1976 年试验,与对照品种斯字棉 2B 比较,冈博的结铃率、铃重和纤维品质均相同;普隆托的结铃率也相同,但铃重稍低,纤维品质稍差。这两个新品种的优点是,叶形改变,叶面积减少,透光良好,比正常叶品种相比其棉铃病害损失低 30%～50%,收花也提早 1～2 周。我国也采用鸡脚叶性状的抗虫棉品种,如标杂 A1、豫棉 21 等。

五、棉花茎枯病

棉花茎枯病的分布较广,新中国成立以来曾先后在辽宁、陕西、山西、河北、河南和山东等省严重发生,近年在江苏、浙江、上海和甘肃等省、市有加重危害的趋势。

茎枯病不是每年都会发生,但在某些年份,遇到适合的发病条件,就会突发流行,成为一种暴发性病害。在大流行的年份,茎枯病对棉花生产影响很大。如 1957 年陕西省泾阳县永乐区有 133 公顷棉田严重发病,其中约 53 公顷翻耕重种。1965 年河南省洛阳地区发病棉田达 6.7 万公顷,造成棉株枯死和大量蕾铃脱落。1972 年浙江省慈溪县长河等 11 个公社普遍发生茎枯病,发病率达 30%～100%,其中棉株凋萎的达 5%～50%;1973 年上海市郊区茎枯病突发流行,发病面积达 2 万公顷,其中重病田约 33 公顷;1976 年甘肃省的南部、东部和中部地区茎枯病普遍严重,发病率达 30%～80%,部分棉田被迫翻耕改种;这些都给当地棉花生产造成较大损失。进入 21 世纪后,虽然很少见大面积发生危害的报道,但仍然应关注其发生动向,防止其再度暴发危害。

(一)症状识别

茎枯病菌 *Ascochyta gossypii* Syd. 属半知菌类,球壳孢科,

壳二孢属。病株后期病斑上产生的小黑粒,是茎枯病菌的分生孢子器,分生孢子器球形,黄褐色,顶端有稍为突起的圆形孔口。在显微镜下压迫孢子器,或孢子器吸水膨胀,即有大量的分生孢子从孔口射出。分生孢子卵形,无色,单胞或双胞,双胞的占1/5,单胞的两端各有1个小油点。在马铃薯琼脂蔗糖培养基上,病菌不产生孢子,菌落呈橄榄色,老菌丝显深褐色。茎枯病在棉株不同部位的症状如下:

1. 叶片 棉苗一出土,茎枯病菌就能侵害幼苗,在子叶上多出现紫红色的小点,以后扩大成边缘紫红色、中间灰白色或褐色的病斑。真叶受害后,最初边缘组织上出现紫红色、中间黄褐色的小圆斑,以后病斑扩大、合并,在叶片上有时出现不甚明显的同心轮纹,表面常散生黑点状的分生孢子器,最后导致病叶干枯脱落。在长期阴雨高湿的条件下,还会出现急性型病状。起初叶片出现失水褪绿病状,随后变成像开水烫过一样的灰绿色大型病斑,大多在接近叶尖和叶缘处开始,然后沿着主脉急剧扩展,1～2天内还可遍及叶片甚至全叶都变黑。严重时,还会造成顶芽萎垂,病叶脱落,棉株落成光秆。

2. 叶柄与茎 叶柄发病多在中、下部,茎枝部受害多在靠近叶柄基部的交接处及附近的枝条下。开始先出现红褐色小点,继而扩展成暗褐色的梭形溃疡斑,其边缘紫红色,中间稍呈凹陷,病斑上常生有小黑点。后期严重时,病斑扩大包围或环割发病部分,外皮纵裂,内部维管束外露,这是茎枯病的一个主要特征。叶柄受害后易使叶片脱落,茎部受害后可使茎枝枯折,故名茎枯病。

3. 蕾铃 病菌能侵染苞叶和青铃,苞叶发病侵入是青铃的直接侵染源。青铃受害后,铃壳上先出现黑褐色病斑,以后病斑迅速扩大,使棉铃腐烂或开裂不全,铃壳和棉纤维上有时会产生许多小黑粒。

(二)发生规律

茎枯病菌的初次侵染菌源,在病区以土壤带菌为主。病菌的菌丝体及孢子器在病残体上越冬,能在土壤中存活 2 年以上。在新棉区,种子带菌是病害传播的另一重要途径。据陕西省试验,种子的带菌率为 12.3%,以菌丝体潜藏在棉籽短绒上为主,也能潜伏于种子内部。当棉籽发芽时或幼苗出土后,潜藏于种子内外的以及病残体上的菌丝体孢子,即能侵染棉苗子叶和幼茎。在气候条件适宜的情况下,病菌产生大量的孢子,成为田间发病的菌源,并借风雨和蚜虫传播,造成再侵染。这样周而复始的多次侵染循环,造成棉花茎枯病的大流行。

一般持续 4~5 天,空气相对湿度在 90% 以上的多阴雨天气,日平均气温为 20℃~25℃,即可能引起茎枯病大流行。在发病期间若伴有大风和暴雨,造成棉株枝叶损伤,则更有利于病菌的侵染和传播。

棉田蚜虫的发生量常影响茎枯病的发病轻重。据甘肃等地观察,凡是蚜虫危害严重的田块,茎枯病就严重。由于蚜虫的危害,棉株上出现大量伤口,为病菌入侵提供了条件。另外,蚜虫在棉田内迁移爬行,也会携带孢子传播病害。此外,蚜虫的排泄物含有糖类物质,有利于病菌的繁衍和侵染。

棉花不同种和品种抗茎枯病的能力不同。在相同栽培条件下,海岛棉的发病率大大高于陆地棉。不同品种发病轻重也有很大的差别,个别品种和品系在茎枯病大发生的情况下,没有发现断头、落叶和死苗现象。

由于大量的茎枯病菌是随病残体在土壤中越冬,所以连作棉田的茎枯病比轮作换茬棉田严重。轮作棉田,特别是水旱轮作的棉田,病菌在土中存活年限较短,由于菌原减少,危害也大为减轻。

棉田密度过大,施氮肥过多,会造成枝叶徒长,如果再加上管理粗放,整枝措施跟不上,棉田荫蔽,通风透光不良,棉田湿度大,茎枯病危害就会加重;反之,发病就轻。

棉花茎枯病是一种侵染性病害,棉株从幼苗到结铃各个生育时期都可能受害,受害部位自胚根、子叶、真叶、茎枝和生长点,直至花蕾、铃柄、苞叶、铃壳和子棉,是典型的多时期、多部位的病害。一般情况下,前期主要危害子叶、真叶、茎和生长点,造成烂种、叶斑、茎枯、断头落叶,以至全株枯死;后期主要侵染苞叶和青铃,引起过早落叶和僵棉铃病害。

(三) 防治方法

1. 种子处理 播种前做好种子处理(详见苗期病害的防治),可减少病菌的初次侵染源,经硫酸脱绒的棉籽可显著减轻茎枯病危害程度。

2. 农业防治

(1)实行轮作换茬 将棉花与禾谷类作物如稻、麦等,2~3年轮作1次,可有效减轻茎枯病的发生与危害。

(2)合理密植,及时整枝 水肥条件充足的棉田,应特别注意合理密植,不施过量氮肥,适量配合磷、钾肥,使棉株生长稳健。中后期要及时打老叶、剪空枝,以改善棉田通风透光条件。这样可减轻茎枯病危害。

(3)清洁棉田 棉花收获后,要清理田间的残枝落叶和得病脱落的棉铃,作燃料或就地烧掉,同时要进行秋季(或冬季)深翻耕,以消灭越冬菌原。

3. 喷药保护 在气候条件适合茎枯病发生的时期,要经常注意天气变化,抢在雨前喷药保护。药剂可用1:1:200的波尔多液,百菌清或克菌丹可湿性粉剂500倍液,多菌灵或甲基硫菌灵可湿性粉剂1000倍液,代森锌可湿性粉剂600~800倍液等。同时要注意防治蚜虫。

六、棉花早衰

近些年来,全国棉花早衰面积越来越大,发病趋势逐年加重,严重危害棉花的产量和品质,通常早衰引起棉花减产幅度为15％～30％,严重的减产幅度高达50％以上。棉花早衰已成为全国各棉区普遍发生且严重制约棉花生产的重要障碍之一,也是目前棉花生产中亟待解决的重要问题。

(一)症状识别

早衰棉花的外部表现为:植株矮小,提前衰老、枯萎,蕾、铃脱落严重,僵瓣、干铃增加,果枝果节少,封顶早,生长无后劲,上部空果枝多,提前吐絮。经调查,早衰棉田的果枝比正常棉田少40％,总铃数比正常棉花少30％以上。早衰棉花桃小,衣分低,且成熟度差,棉纤维长度、麦克隆值、纤维强度等指标下降。

(二)发生规律

棉花早衰为非侵染性的生理性病害,具有发病迅速、发病面广、难以防控的特点。长期以来,抗早衰特性并未列入育种目标。选育出的品种对土壤和肥水条件要求较高,对外界的不利环境因素抗逆性差。一旦遭遇不良环境或管理水平不到位,就易引起早衰的发生。高温、低温及高低温交替易引发早衰。2004年8月4～15日,新疆奎屯垦区的气温连续10天低于19℃,最低温度只有8.4℃。棉花叶片先是发红发紫,随后枯萎脱落,不能进行正常的光合作用,从而影响棉花植株正常的生长发育,形成棉花大面积早衰,减产30％～40％。2006年8～9月份持续高温,日平均气温达27℃～32℃,最高温度为42℃,过高的温度影响棉花的授粉受精,对坐伏桃不利。相当一部分坐桃较多的棉田,都在此段时间落叶垮秆,造成棉花提前早衰。湖北天门棉区在 2005 年 8 月 14～15 日雨后天晴始见棉花早衰症状,部分棉株叶片萎蔫青枯;8 月 20～23 日暴雨,温度剧降,24 日天气陡晴,温度急剧变化导致棉花早衰大面积发生。表现为棉花叶片变黑焦枯,脱落,棉株死亡。

以枯萎病、黄萎病为主的棉花病害的侵入,也可以诱发早衰发生。棉花枯萎病、黄萎病造成根、茎、叶柄导管变色,水分、养分输送受阻,叶片产生黄色斑块,干枯脱落,引起早衰。棉蚜、棉叶螨和盲椿象的危害,破坏了叶片光合作用,使叶片枯黄脱落,也会诱发棉田早衰。

多年连续重茬种植棉花,导致轮作困难,尤其在地势低、排水不良的地块,棉花根系发育不良,抗生菌数量少,病菌积累严重,从而导致早衰。

随着机械化程度的提高和化学肥料的广泛使用,改变了土壤物理性状。重施化学肥料,忽视有机肥,特别是重氮肥,轻磷肥,不施农家肥、钾肥和微肥,土壤缺乏锌、铁、铜、锰、硼等微量元素,导致土壤营养严重失衡,土地后劲不足,使棉株营养供应不均衡,棉株抗逆性差,抗灾能力明显下降而出现早衰。另外,施肥方法采取"一炮轰"或只在头水前施肥,第二水前不施或少施,造成棉花后期脱肥,同样会诱发棉花的早衰。

棉花虽为耐旱作物,但在苗期棉田墒情不够的情况下,根系入土浅,须根分布少,而到棉花现蕾、开花、结铃以后,营养生长与生殖生长并进,一旦有足够的水分棉花就会迅速生长,甚至旺长,结蕾铃过多,致使棉株自身营养失调,植株抗性降低,而这一时期又正是黄枯萎病高发期,很容易发生早衰。

前期、中期化控较轻,田间过于荫蔽,棉花下部叶片受光少,制造的养分少,无法满足下部蕾铃和根系的需要,使得根系因营养不良而过早老化,造成棉花早衰。棉花后期化控太重,上部节间过于紧缩,叶片小而平展,中、下部通风透光差,易造成棉花早衰。

自实施地膜覆盖栽培技术以来,有效地利用了地膜的增温保墒作用,逐渐实现了作物出早苗、壮苗、保全苗,增产作用非常明显,经济效益十分可观。但随着地膜覆盖种植年限的延长,土壤中残留了大量地膜,据调查:地膜覆盖种植3~5年,残留地膜120~135千克/公顷;8~10年残留地膜180~200千克/公顷;13年以上残留330~380千克/公顷。最严重的达450千克/公顷左右。土壤中残留地膜对农业生产造成了严重影响。据测算:种植8年以上的棉田,棉花减产7%~17%。种植15年以上的棉田,棉花减产达14%~21%。随着地膜种植棉花越来越多,棉田内的残膜数量也日益增多,从而严重影响着棉花根系的下扎。由于根系下扎浅,棉花吸收养分能力大大削弱,棉花得不到足够营养,由此引起棉花早衰。

一般早中熟棉花的适播期以5厘米地温稳定通过15℃为宜,如果播种过早,气温低,根系生长慢并且病害严重,前期坐桃较早、较多,导致后期营养供应不上而发生早衰。

生产上棉花早衰发病迅速,来势猛,发病面积大,不存在从发病中心向四周侵染传播的发病过程。损失重,往往在丰收在望的预期下导致巨大的损失。据调查,在长江流域棉区早衰棉田与正常棉田相比,单株成铃平均减少4.5个,铃重下降0.61~1.65克,衣分降低约0.7个百分点,产量损失15%~30%,严重的减产幅度高达50%以上。

(三)防治方法

棉花早衰的防治依然是一个有待深入研究的课题,一旦发生,尚缺乏有效防治措施,因此,应立足于早期综合防控。具体的防治方法有:

1. 种植适宜的棉花品种　因地制宜种植抗病性好、抗逆性强、品质好、丰产性突出的棉花品种。育种单位应将抗早衰特性列入棉花育种的一重要考核指标。如中植棉 2 号、中植棉 6 号、33B、冀 958、标杂 A1、天杂 10 号、新陆早 33、新陆早 32 等,是抗早衰性强的品种。

2. 完善病虫害监控和防治体系　对于虫害要做到早调查,早防治,力争将危害消灭在中心株或点片发生阶段,减少农药喷洒次数,保护天敌,创造良好生态环境。合理轮作倒茬,降低土壤中的病菌,降低病情指数,使重病田得到有效改善。

3. 坚持轮作倒茬,提高土壤肥力　要尽可能实行轮作倒茬,缩短棉花连作年限。增施有机肥,增加土壤有机质,改善土壤结构,增强土壤保水、肥能力。

4. 平衡施肥　根据棉花需肥规律,施足基肥,增施有机肥,重施花铃肥,补施桃肥。合理使用微肥和叶面肥。

5. 化学调控培育理想株形　在化调过程中应遵循"早、轻、勤"的原则。生育期化控 5 次,分别在 2～3 片叶、6～7 片叶、10～11 片叶、13～14 片叶和打顶后化控。缩节胺用量,可根据当时的苗情、气候等环境条件,确定合理的化控,对棉花的生长既有促进作用,又有控制作用,可塑造理想的株型,使棉花正常稳健生长,增加新叶数量,促使棉花早结铃,增强植株生长势,防止棉花早衰。

6. 回收残膜　地膜覆盖栽培的棉田,应坚持最大限度地减少耕层残膜量。犁地前,采取机械和人力相结合的办法,回收残膜。犁地后结合平地、耕地再次回收残膜,做到回收残膜率达到 90％以上,确保棉花生产可持续发展。

第三章 棉花主要害虫种类及其防治

我国有记载的棉花害虫有 300 多种,其中常见种类约 30 种。目前,在我国发生危害较为严重的种类,包括棉盲蝽、棉蚜、棉叶螨、烟粉虱、斜纹夜蛾和地老虎等。本章就这些主要害虫的形态特征、生物学习性、发生规律以及防治方法等逐一进行介绍。

一、棉盲蝽

棉盲蝽是为害棉花的各种盲蝽的总称。在我国各棉区已发现的棉盲蝽有 20 余种,其中危害比较严重的种类,有绿盲蝽 *Apolygus lucorum* (Meyer－Dür)、中黑盲蝽 *Adelphocoris suturalis* (Jakovlev)、苜蓿盲蝽 *Adelphocoris lineolatus* (Goeze)、三点盲蝽 *Adelphocoris fasciaticollis* (Reuter)和牧草盲蝽 *Lygus pratensis* (L.)等。以上 5 种棉盲蝽在我国各大棉区间的发生与危害有明显差别。其中,黄河流域棉区以绿盲蝽、苜蓿盲蝽、三点盲蝽和中黑盲蝽为主,长江流域棉区以绿盲蝽、中黑盲蝽为主,西北内陆棉区以牧草盲蝽和苜蓿盲蝽为主。棉盲蝽寄主种类多达 50 多科 200 余种,包括棉花、蚕豆、葡萄、枣树和苜蓿等多种农作物。

长期以来,防治棉铃虫大量施用的化学农药有效兼治了棉盲蝽,我国大部分棉区这类害虫发生较轻,处于次要害虫地位。近年来,随着黄河流域和长江流域棉区 Bt 棉花的大面积种植,棉盲蝽种群发生数量剧增,目前已上升为上述两大棉区的主要害虫。在新疆内陆棉区,棉盲蝽也呈现出危害加重的趋势。

(一)形态特征

1. 绿盲蝽

(1)成虫　体长 5～5.5 毫米,宽 2.50 毫米,全体绿色。头宽短。眼黑色,位于头侧。触角 4 节,比身体短,第二节最长,基两节绿色,端两节褐色,喙 4 节,末端达后足基节端部,端节黑色。前胸背板绿色。颈片显著,浅绿色。小盾片、前翅革片和爪片均绿色,革片端部与楔片相接处略呈灰褐色。楔片绿色。膜区暗褐色。翅室脉纹绿色。足绿色,腿节膨大,胫节有刺,跗节 3 节,端节最长,黑色。爪 2 个,黑色。

(2)卵　长 1 毫米左右,宽 0.26 毫米,长形,端部钝圆,中部略弯曲,颈部较细,卵盖黄白色,前、后端高起,中央稍微凹陷。

(3)若虫　呈洋梨形,全体鲜绿色,被稀疏黑色刚毛。头三角形。唇基显著,眼小,位于头侧。触角 4 节,比体短。喙 4 节,绿色,端节黑色。腹部 10 节;臭腺开口于腹部第三节背中央后缘,横缝状,周围黑色。跗节 2 节,端节长,端部黑色。爪 2 个,黑色。

2. 中黑盲蝽

(1)成虫　体长 7 毫米,宽 2.5 毫米,体表被褐色绒毛。头小,红褐色,三角形,唇基红褐色。眼长圆形,黑色。触角 4 节,比体长;第一、第二节绿色,第三、第四节褐色;第一节长于头部,粗短;第二节最长,长于第三节;第四节最短。前胸背板、颈片浅绿色;胝深绿色;后缘褐色,弧形;背板中央有黑色圆斑 2 个;小盾片、爪片内缘与端部、楔片内方、革片与膜区相接处均为黑褐色。停歇时这些部分相连接,在背上形成一条黑色纵带。革片前缘黄绿色,楔片黄色,膜区暗褐色。足绿色,散布黑点。后中腿节略膨大;胫节细长,具黑色刺毛,端部黑色;跗节 3 节,绿色,端节长,黑色。雌性产卵管位于第八、第九腹节腹面中央腹沟内。雄虫仅第九节呈瓣状。

(2)卵　淡黄色,长 1.14 毫米,宽 0.35 毫米,长形,稍弯曲。

卵盖长椭圆形,中央向下凹入、平坦,卵盖上有一指状突起。颈短,微曲。

(3)**若虫**　头钝三角形,唇基突出,头顶具浅色叉状纹。复眼椭圆,赤红色。触角比体长,4 节,第一节粗短,第二节最长,第四节短而膨大,基部两节淡褐色,端两节深红色。腹背第三节后缘有横形红褐色臭腺开口。足红色。腿节及胫节疏生黑色小点。跗节2 节,端节黑色。

3. 苜蓿盲蝽

(1)**成虫**　体长 8～8.5 毫米,宽 2.5 毫米。全体黄褐色,被细绒毛。头小,三角形,端部略突出。眼黑色,长圆形。触角褐色,丝状,比体长,第一节较粗壮,第二节最长,端部两节颜色较深,第四节最短。喙 4 节,基两节与体同色,第三节带褐色,端部黑褐色,末端达后足腿节端部。前胸背板绿色,略隆起。胝显著,黑色,后缘带褐色,后缘前方有 2 个明显的黑斑。小盾片三角形,黄色,沿中线两侧各有纵行黑纹 1 条,基前端并向左右延伸。半翅鞘革片前缘、后缘黄褐色,中央三角区褐色;爪片褐色;膜区暗褐色,半透明;楔片黄色;翅室脉纹深褐色。足基节长,斜生。腿节略膨大,端部约 2/3 具有黑褐色斑点。胫节具刺。跗节 3 节,第一节短,第三节最长,黑褐色。

(2)**卵**　长 1.2～1.5 毫米,宽 0.38 毫米,长形,乳白色,颈部略弯曲。卵盖倾斜,棕色,很厚,且比颈部为宽,在卵盖的一边有一突起,卵盖椭圆形,周缘隆起,中央凹入。卵产于植物组织中,卵盖外露。

(3)**若虫**　全体深绿色,遍布黑色刚毛,刚毛着生于黑色毛基片上,故本种若虫特点为绿色而杂有明显黑点。头三角形。眼小,位于头侧。触角 4 节,褐色,比身体长,第一节粗短,第二节最长,第四节长而膨大。喙有横缝状臭腺开口,周围黑色。足绿色。腿节上杂以黑色斑点,胫节灰绿色,上有黑刺;跗节 2 节,端节长。

爪2枚,黑色。

4. 三点盲蝽

(1)成虫　体长6.5～7毫米,宽2～2.2毫米,体褐色,被细绒毛。头小,三角形,略突出。眼长圆形,深褐色。触角褐色,4节,以第二节为最长,第三节次之,各节端部色较深。喙4节,基两节黄绿色,端节黑色。前胸背板绿色,颈片黄褐色,胝黑色,致使背板前缘显两黑斑。后缘中线两侧各有黑色横斑1个,有时此两斑合而为一,形成一黑色横带。小盾片黄色,两基角褐色,使黄色部分呈菱形。前翅爪区褐色,革区前缘部分黄褐色,中央部分深褐色。楔片黄色,膜区深褐色。足黄绿色。腿节具有黑色斑点,胫节褐色,具刺。

(2)卵　长1.2～1.4毫米,宽0.33毫米,淡黄色。卵盖椭圆形,暗绿色,中央下陷,卵盖上有一指状突起,周围棕色。

(3)若虫　全体鲜明橙黄色,体被黑色细毛。头黑褐色,有橙色叉状纹,眼突出于头侧。触角4节,黑褐色,被细绒毛;第二节近基部,第三、第四节基部均为黄白色。喙与体同色,尖端黑色,末端达腹部第二节。前胸梯形,中、后胸因龄期不同,翅芽有不同程度的发育。背中线浅色,明显。腹部10节,在第三节背中央后缘有小型横缝状臭腺开口。足深黄褐色。腿节稍膨大,近端部处有一浅色横带。前、中足胫节近基部与中段黄白色,后胫节仅近基部处有黄白色斑,余为黑褐色。

5. 牧草盲蝽

(1)成虫　体长5.5～6毫米,宽2.2～2.5毫米。体绿色或黄绿色,越冬前后为黄褐色。头宽而短,复眼呈椭圆形,褐色。触角丝状,长3.6毫米左右,其1、2、3、4节比例为1：3.2：1.88：1.36;各节均披细毛,其两侧为断续的黑边,胝的后方有2条或4条黑色的纵纹。纵纹的后面即前胸背板的后缘,尚有2条黑色的横纹,这些斑纹个体间变化较大。小盾片黄色,前缘中央有2条黑纹,使盾片黄色部分成心脏形。前翅具刻点及细茸毛,爪片中央、楔片末端和革片靠爪片、翅结、楔片的地方,有黄褐色的斑纹,翅膜区透明,微带灰褐色。足黄褐色,腿节末端有 2～3 条深褐色的环纹,胫节具黑刺,跗节、爪及胫节末端色较浓。爪 2 个。

(2)卵　长约 0.90 毫米,宽约 0.22 毫米,苍白色或淡黄色。卵盖很短,仅高 0.03 毫米左右,口长椭圆形为 0.24 毫米×0.09 毫米。卵中部弯曲,端部钝圆。卵壳边缘有一向内弯曲的柄状物,卵壳中央稍下陷。

(3)若虫　黄绿色,前胸背板中部两侧和小盾片中部两侧各具黑色圆点 1 个;腹部背面第三腹节后缘有 1 个黑色圆形臭腺开口,构成体背 5 个黑色圆点。

(二)生活习性

棉盲蝽成虫白天隐蔽性强,其活动取食、交尾产卵等都主要在夜间进行。成虫羽化后 3～5 天达到性成熟,开始交尾。成虫具有多次交尾的习性,每次交尾的持续时间在 1 分钟左右。成虫产卵前期 7～10 天。在适宜的环境条件下,每雌虫平均产卵 60～100粒,产卵期持续 20～30 天。成虫平均寿命为 30～45 天,最长能达70 多天。成虫具有明显趋花性,喜取食植物花蜜。

卵为散产,产卵的部位多样化,包括棉花小枝条、叶柄、蕾铃柄、蕾铃苞叶基部等。卵常整个插入植物组织之中,仅留卵盖在植物表面。在适温下,卵历期为 8～12 天,孵化率为 80％左右。

若虫白天大多藏于棉株叶背、蕾铃苞叶、花等隐蔽处,活动灵活,一旦受干扰,迅速转移,因此在田间常难以发现。若虫历期一般为 11～15 天。

棉盲蝽成虫和若虫均取食为害棉花,不同生育期、不同器官的被害症状各不相同。棉苗真叶初现时,生长点基部全部遭受棉盲蝽为害,受害部分全部变黑焦枯,不再发生新芽,只留两片肥厚的子叶,称之为"公棉花"或"无头苗"。棉苗真叶幼嫩部分遭棉盲蝽为害后,端部枯死,主茎不能发育,而自基部生出不定芽,形成乱头棉花,称之为"破头疯"。在整个生育期,嫩叶被害后初呈现小黑点,随叶片长大,被害状由小孔变成不规则孔洞,这一症状称为"破叶疯"。现蕾后为害,可造成幼蕾脱落,烂叶累累,棉株疯长,侧枝丛生,棉铃稀少,形状有如"扫帚菜(地肤)",故称之为"扫帚苗"。当小蕾被棉盲蝽为害后,受害处既现黑色小斑点,2～3天全蕾变为灰黑色,干枯而脱落。受害脱落的幼蕾基部落痕很小,向外突出而呈凹凸不平或小瘤状,黑色;而自然脱落的落痕很大,凹陷,色浅。当大蕾被棉盲蝽为害后,除表现黑色小斑点,苞叶微微向外张开外,一般脱落很少。花瓣初现时,如花瓣顶部遭棉盲蝽为害,则花冠呈现黑色斑点,并因细胞受刺激而发生局部增殖现象,表现卷曲变厚,使花瓣不能正常开放。花瓣开放后,如花瓣中部或下部遭害,则呈现暗黑色的小黑点片,严重时,黑片满布。雄蕊、花药、柱头受害后,即变黑,或雄蕊脱落,只剩黑色的花药,严重时,全部变黑,只剩柱头。幼铃遭害后,常黑点密集,一般黑点达铃面积 1/5时,幼铃即行脱落或变黑僵,吐絮不正常。中型铃遭害后,受害处周围常有胶状物流出,局部僵硬,脱落很少。大型铃遭害后,铃壳上有点片状黑斑,均不脱落。

各种棉盲蝽的越冬虫态、越冬场所不尽相同。绿盲蝽以卵在棉花、果树、苜蓿和苕子等寄主植物的残茬、断枝切口处和棉花枯铃壳越冬,也能在土中越冬。中黑盲蝽以卵在苜蓿和其他杂草寄主内过冬。苜蓿盲蝽以卵在苜蓿、杂草、棉秆和枸杞等茎秆内越冬。三点盲蝽则以卵在洋槐、加拿大杨、柳及榆、桃和杏等树皮有疤痕或断枝的疏软部位内越冬。牧草盲蝽则以成虫在土缝、墙缝、各种杂草、植物枯枝残叶和树皮裂缝内越冬。

(三)发生规律

棉盲蝽成虫的寿命和产卵期都长,因此田间世代重叠现象明显。

1. 绿盲蝽 在长江流域棉区1年一般发生5代。4月份越冬卵孵化,在越冬场所附近的寄主上生活。1代成虫羽化高峰在5月中下旬,羽化后即大量迁移到蚕豆、胡萝卜、苜蓿、苕子、芹菜和茼蒿等正值花期的蔬菜留种田,以及蛇床子等杂草上产卵繁殖,并部分迁移到棉田为害。2代成虫羽化高峰在6月下旬,羽化后全面迁入棉田。3~4代若虫主要在棉田为害,3代成虫在7月中下旬至8月上中旬羽化,4代成虫于9月中下旬羽化,随着棉田食料条件的恶化,大部分4代成虫迁移到蔬菜及野菊花等寄主上产卵繁殖。5代成虫在10月中下旬至11月份羽化后,迁至越冬寄主上为害,并产卵越冬。

绿盲蝽在黄河流域棉区1年发生5代。早春4月越冬卵孵化,4月中下旬为危害盛期。1代成虫羽化高峰在5月下旬至6月初,羽化后即大量迁移到蚕豆、苜蓿以及播娘蒿等花期植物上产卵繁殖。2代成虫羽化高峰在6月中下旬,羽化后多迁入棉田。3代成虫在7月下旬至8月上旬羽化,4代成虫于9月初羽化。此后,随着棉田食料条件的恶化,大部分成虫迁移到苜蓿、葎草等寄主上产卵繁殖。5代成虫在9月底至10月上旬迁至越冬寄主上为害,产卵越冬。

2. 中黑盲蝽 在长江流域棉区1年发生4~5代。4月中旬开始孵化,4月下旬至5月初为孵化盛期,若虫主要在棉茬越冬作物上生活。1代成虫5月中下旬迁入棉田或豆科植物、胡萝卜等作物上产卵繁殖。6月下旬至7月上旬2代、8月上中旬3代、9月上中旬4代成虫,集中在棉田产卵为害。4~5代成虫9月下旬至11月上旬在棉田及杂草上生活,产卵越冬。

中黑盲蝽在黄河流域棉区1年发生4代。4月中旬,越冬卵孵化,孵化后的若虫集中在小苜蓿、婆婆纳为主的杂草上为害,高龄若虫向邻近寄主扩散。5月上中旬,一代成虫羽化后迁入正值花期的小麦、蚕豆等冬播作物田间。5月底,小麦等冬作物相继成熟,麦、棉套种田(或其他套种田)的中黑盲蝽直接转移到正处花期的野胡萝卜、全叶马兰、加拿大蓬等杂草地或早棉田繁殖为害。6月中下旬。棉花现蕾、开花,2代成虫正逢羽化高峰期,大量迁入棉田,形成了棉田中黑盲蝽的第一次高峰和严重危害阶段。7、8月份是3~4代中黑盲蝽在棉田的发生高峰期。9月中旬后棉花枯衰,4代成虫迁向仍处花期的加拿大蓬、艾蒿、女菀和野苋等野生寄主上产卵越冬。

3. 苜蓿盲蝽 在黄河流域1年发生4代。4月上中旬前后在野生寄主上孵化,取食幼嫩杂草,若虫期40天左右。5月中旬开始羽化,扩散到正在孕穗的小麦田取食。5月底,小麦等冬作物相继成熟,麦、棉套种田(或其他套种田)的成虫直接转移到正处花期的野胡萝卜、全叶马兰、加拿大蓬等杂草地或早棉田繁殖为害。2代成虫羽化高峰期为7月上旬,成虫大量转入棉田为害。3~4代成虫发生高峰期分别是8月上旬和9月上旬。这两代仍然主要为害棉花,至9月中旬棉花植株开始衰老,苜蓿盲蝽成虫陆续迁出棉田,在晚秋继续开花的田菁、野苜蓿、女菀和小白酒草等豆科和菊科杂草上产卵越冬。

苜蓿盲蝽在新疆1年发生3代。以卵在苜蓿地和其他冬季绿肥地越冬。越冬卵于5月上旬始孵化,5月下旬为孵化盛期;第一代成虫盛期在6月上中旬,成虫羽化后迁入棉田;7月中旬出现第二代若虫,7月底至8月初二代成虫开始羽化,8月上中旬迁出棉田;最后一代成虫于9月中旬前后在苜蓿和黄花苦豆子上产卵越冬。

4. 三点盲蝽 在黄河流域1年发生3代。越冬卵5月上旬开始孵化,若虫5龄,约经26天羽化为成虫。第一代成虫的出现时间大约在6月下旬至7月上旬;第二代在7月中旬;第三代在8月中下旬。

5. 牧草盲蝽　在南疆1年发生4代。3月中下旬温度达9℃以上时,在冬麦、冬菠菜、十字花科蔬菜等植株上出蛰活动;5月中下旬出现1代成虫和若虫,主要为害苜蓿和杂草,并开始少量向生长旺盛的棉田转移。2代发生高峰期在6月中下旬至7月上旬,此时棉花进入现蕾盛期至开花期,为害后极易形成中空。3代发生在8月上中旬,主要为害棉株中上部幼蕾,8月中下旬迁飞到棉田外寄主。4代若虫和成虫发生在9月中下旬,在苜蓿、油菜、杂草、枯枝落叶及土缝内越冬,对棉田无害。

牧草盲蝽在北疆1年发生3代。以成虫在杂草残体和树皮裂缝中越冬;翌年3~4月份,日平均气温达10℃以上,空气相对湿度达70%左右时,越冬成虫出蛰活动,先在田埂杂草上取食;6月中旬第一代成虫迁入棉田为害,7月下旬第二代成虫达到为害盛期,8月下旬出现第三代。9月下旬后,成虫陆续迁飞到开花的杂草上产卵繁殖,最后以成虫蛰伏越冬。

不同世代棉盲蝽取食的寄主种类不尽相同,每代成虫都要进行季节性寄主转移,以寻找最适宜种群发生的寄主与生境。因此,寄主种类、栽培方式和耕作制度的改变,对棉盲蝽的发生有着直接的影响。

环境条件对棉盲蝽的发生也有很大影响。如早春气温较高,越冬卵的发育整齐,发育速度快,有助于种群的快速增长;反之,孵化期推迟,孵化不整齐,进而抑制其种群的发生。夏季持续高温,将导致棉盲蝽种群数量的下降。与温度相比,降雨对棉盲蝽发生的影响更加明显。棉盲蝽属喜湿昆虫。在多雨高湿的情况下,卵孵化率高,成、若虫活跃,发生危害也较严重。因此,盛发期降雨显著增加危害性。大雨之后的植物疯长现象,给棉盲蝽的种群发生提供了充足的食物资源。如降雨后,棉花植株易生出许多赘芽,无效花、蕾过多,植株含氮量高,有利于棉盲蝽的繁殖为害。

(四)防治方法

棉盲蝽的防治策略包括如下几点:一是开展统防统治。棉盲蝽成虫具有直接的危害性、较强的飞行扩散能力和在寄主植物和作物田块间转移的能力,局部地块的防治对棉盲蝽区域性种群控制影响不大,需采取大面积同步进行的统防统治。二是铲除早春虫源。越冬期和早春寄主阶段,是棉盲蝽年生活史最薄弱的环节,控制棉盲蝽越冬和早春虫源,是降低发生程度的重要手段。三是狠治迁入成虫。棉盲蝽具有较强的繁殖能力,卵小且产在植物组织中,待发现若虫为害时,往往已失去防治适期。而成虫刚刚迁入寄主作物田是防治的最佳阶段,防治入侵的成虫可以达到事半功倍的效果。

1. 农业防治

(1)毁减越冬场所　在长江流域棉区和黄河流域棉区,棉盲蝽以卵在棉花、牧草、果树、杂草等植物的残茬、断枝口等处越冬。产在棉株组织内的越冬卵,可随棉柴部分的清理带出田外,在翌年3月份之前被当作燃料等烧毁或处理掉。部分随枯枝落入棉田,可通过棉田耕翻细耙将越冬卵埋入土下,使其孵化或初孵化若虫出土受限制,从而减少有效卵量。此外,还应及时清除棉田、果园田边的杂草。

新疆棉区的牧草盲蝽以成虫蛰伏越冬,越冬场所主要在滨藜等杂草及树木的落叶下。在开始结冰后(地面未积雪之前),彻底清除这些杂草和枯枝烂叶,使其骤然失去越冬场所,受到寒冷的侵袭,便可冻死。

(2)清除早春寄主　棉盲蝽的早春寄主植物非常丰富,主要有果树、作物、杂草等。对果树与农作物,可以采取栽培管理来消灭虫源。比如,长江流域棉区蚕豆是一种主要早春寄主,棉盲蝽大多集中于蚕豆顶芽内,在棉盲蝽若虫期可以结合结荚时蚕豆打顶,去除一部分若虫。

早春杂草寄主上的棉盲蝽虫源,可通过喷施除草剂或人工除草来控制。对于田埂上的杂草,可选用灭生性的除草剂,如每 667 平方米用 41%草甘膦 150 毫升,或 10%草甘膦 750 毫升,对水 30 升,进行均匀喷雾。而对于作物田,最好利用人工除草的方法,尽量不要使用除草剂(切勿使用灭生性的除草剂),或选用对后茬作物没有影响的除草剂品种,以免除草剂残留对作物种植产生不良影响。

(3)避免多寄主混作　根据棉盲蝽寄主植物多的特点,改革耕作制度,在作物布局上就要合理安排,正确布局。尽可能使棉花、果树等同种作物集中连片种植,这样有利于在较大范围内采取某些一致有效的防治措施。要避免棉花与苜蓿、向日葵、枣树等,或者果树与蔬菜、牧草等毗邻或间作,以减少棉盲蝽在不同寄主间交叉为害。

(4)加强棉花生长管理　棉花需及时打顶,促使棉蕾老化,减少被棉盲蝽危害。清除棉花无效边心、赘芽和花蕾,以减少虫卵。在棉花花蕾期,根据棉花长势还可喷施 1～2 次缩节胺,能缩短果枝,抑制赘芽,减少无效花蕾,甚至不须整枝,这样也能减轻棉盲蝽发生为害。当棉株受棉盲蝽危害而形成破叶疯或丛生枝时,往往徒长而不现蕾。应迅速采取措施,将丛生枝整去,使每株棉花保留 1～2 枝主秆,可以使植株迅速恢复现蕾。整枝工作应尽可能争取早作,以便使棉株有较充裕的补偿时间来挽回受害后的损失。

(5)种植诱集植物　绿盲蝽成虫偏好绿豆,于 5 月初在棉田田梗一侧优先种植早播绿豆诱集带,因为田埂上的很多杂草都是绿盲蝽的早春寄主,这样种植可以隔断绿盲蝽从田埂向棉田的扩散,减少棉田绿盲蝽的入侵量。自绿豆上发现绿盲蝽起,即每 10 天对绿豆诱集带喷施 1 次农药,以控制诱集带上绿盲蝽的数量,从而降低棉田绿盲蝽的发生和危害。另外,在棉田间作向日葵、蓖麻等作物,也能有效诱集、减少绿盲蝽的发生数量。

2. 生物防治 已报道棉盲蝽的捕食性天敌有 10 余种、寄生蜂 3 种。可使用对天敌较安全的选择性农药防治棉盲蝽,减少对天敌昆虫的负面影响;并可以通过改进施药方法,比如滴心、涂茎等有针对性的局部施药,减少地毯式的药剂喷雾。这样可以减少或避免天敌直接接触农药,减少天敌的死亡,有助于天敌种群的增殖和发挥有效的控害作用。

3. 物理防治 频振式杀虫灯对绿盲蝽、中黑盲蝽等均有较好的诱杀作用,可用于测报防治。

4. 化学防治 生产上采用的防治指标为 2 代(苗、蕾期)棉盲蝽分布达百株 5 头,或棉株新被害株率达 2%～3%;3 代(蕾、花期)棉盲蝽分布达百株有虫 10 头,或被害株率达 5%～8%;4 代(花、铃期)棉盲蝽分布达百株虫量 20 头。目前,常用的棉盲蝽化学防治措施有 5 种,即滴心、涂茎(茎秆)、熏杀、喷粉和喷雾。

(1)滴心、涂茎 在棉花苗期、现蕾期,选用 40%乐果乳油等内吸性较强的药剂 200 倍液滴心,或按 1∶3～4 的比例与机油混匀后涂茎。这种方法对早期棉盲蝽有着很好的控制作用,是一种比较理想的预防措施。

(2)熏杀 对于棉花苗床可以通过熏杀来防治棉盲蝽。每 667 平方米使用 50%敌敌畏乳油 50～75 克,对水 0.75～1 升,拌细土 25 千克,于傍晚盖膜前撒入苗床,对 2～4 龄若虫防效可达 98.5%～100%。也可以在苗床挂一个蚕豆大小的敌敌畏棉球熏蒸。从第一次苗床揭膜通风时开始使用,2～3 天换 1 次,连续换 3～4 次,即可控制苗床"无头苗"的产生。

(3)喷雾 当前,棉盲蝽对化学农药的抗药性水平还很低,因此化学防治的关键在于掌握确切的防治时间。喷雾防治棉盲蝽的适期为 2～3 龄若虫高峰期。每 667 平方米用 5%丁烯氟虫腈乳油 30～50 毫升,或 10％联苯菊酯乳油 30～40 毫升、35％硫丹乳油 60～80 毫升、40％灭多威可溶性粉剂 35～50 克、45％马拉硫磷乳油70～80 毫升、40％毒死蜱乳油 60～80 毫升,对水 50～60 升喷雾。

棉盲蝽喜潮湿,连续降雨后田间常出现种群数量剧增、为害加重的现象。因此,在雨水多的季节,应及时抢晴防治,以免延误最佳防治时机。药剂喷雾时一些成虫受惊起飞,但因机动弥雾机的喷药幅度大,成虫不易逃避药雾的沾染,防治效果好。如用小型手动喷雾器时,可用几架喷雾机一起作业,由作物田四周向内包围喷洒药剂,效果较好。

二、棉　蚜

我国棉花上已发现 5 种蚜虫,即棉蚜 *Aphis gossypii*（Glover）、棉长管蚜 *Acyrthosiphon gossypii*（Mordvilko）、苜蓿蚜 *Aphis medicaginis*（Koch）、拐枣蚜 *Xerophilaphis plotnikov*（Nevsky）和菜豆根蚜 *Trifidaphis phaseoli*（Pass）。其中,棉蚜除西藏的发生情况不详外,各棉区都有发生;苜蓿蚜全国都有发生,但仅在新疆严重为害棉花;棉长管蚜、菜豆根蚜和拐枣蚜仅在新疆发生。

本书着重介绍优势种类棉蚜。棉蚜广泛分布于北纬 60°至南纬 40°的世界各地,在我国黄河流域、西北内陆棉区为害较重,长江流域棉区较轻。棉蚜寄主有 75 科 285 种。其中,越冬寄主(第一寄主)在我国主要有鼠李、花椒、木槿、石榴、黄荆、木芙蓉、夏枯草、蜀葵、菊花、车前草、苦菜、益母草等;侨居寄主(第二寄主、夏季寄主)有锦葵科、葫芦科、豆科、马鞭草科、菊科等多种植物;主要栽培作物有棉花、木棉、瓜类、黄麻、洋麻、大豆、马铃薯、甘薯等。

(一)形态特征

1. 卵 椭圆形,长 0.5～0.7 米。初产时橙黄色,后变为漆黑色,有光泽。

2. 若虫 分有翅若蚜和无翅若蚜。有翅若蚜夏季体淡红色,秋季灰黄色,胸部两侧有翅芽,在 1～6 腹节的中侧和 2～5 腹节的两侧各有白色圆斑 1 个,经 4 次蜕皮后变为有翅胎生雌成蚜。无翅若蚜体色夏季为黄色或黄绿色,春秋为蓝灰色,复眼红色,经 4 次蜕皮变为无翅胎生雌成蚜。

3. 成蚜 有几种不同形态变化。

(1)干母 体长 1.6 毫米,茶褐色,触角 5 节,无翅,行孤雌生殖。

(2)无翅胎生雌蚜 体长 1.5～1.9 毫米,宽 0.65～0.86 毫米,体色夏季黄绿色或黄色,春、秋季蓝黑、深绿或棕色。触角 6 节,第三、第四节无感觉孔,第五节末端及第六节膨大处各有 1 个感觉孔。腹部末端有 1 对短的暗色腹管,尾片青绿色,乳头状,两侧有刚毛 3 对。

(3)有翅胎生雌蚜 体长 1.2～1.9 毫米,体黄色、浅绿色或深绿色,前胸背板黑色。有透明翅 2 对,前翅中脉 3 支,后翅中、肘脉都有。腹部背面两侧有 3～4 对黑斑。触角 6 节比较短。第三节一般有感觉孔 5～8 个,排成 1 行,第四节无感觉孔或仅有 1 个,第五节末端及第六节膨大处各有 1 个感觉孔。腹管暗黑色,圆筒形,表面有瓦砌纹,尾片同无翅胎生雌蚜。

(4)无翅胎生雄蚜 体长 1～1.5 毫米,体灰褐色、墨绿色、暗红色或赤褐色。触角 5 节,第四节末端有 1 个感觉孔,第五节基部有 2～3 个感觉孔。后足胫节特别发达,并有排列不规则的圆点几十个。腹管较小,黑色。尾片同无翅胎生雄蚜。

(5)有翅胎生雄蚜 体长 1.28～1.9 毫米,体色变异很大,有绿色、灰黄色或赤褐色。触角 6 节,3、4 节各有感觉孔 20 多个,5节上 10 多个,6 节上 7~8 个。腹管灰黑色,较有翅胎生雌蚜的腹管短小。

(二)生活习性

1. 生活史 从全国来看,棉蚜的全年生活史,有全生活史周期和不全生活史周期两种类型:

(1)全生活史周期 棉蚜冬季的卵在越冬寄主上越冬,翌年春天气温 6℃时开始孵化为干母,长江流域约在 3 月上旬,辽河流域约在 4 月间。12℃时开始胎生无翅雌蚜(干雌),干雌在越冬寄主上繁殖若干代后,产生有翅胎生雌蚜(迁移蚜),此时正值棉苗出土时节,迁移蚜向棉苗及其他夏季寄主上迁飞,在其上以孤雌胎生方式产生侨居蚜(无翅或有翅胎生雌蚜),有翅者可再迁飞。侨居蚜繁殖若干代后,到晚秋,气温降低,夏季寄主衰老,侨居蚜就产生有翅性母,性母飞回越冬寄主上产生有翅雄蚜和无翅产卵雌蚜,雌、雄蚜交尾产卵。少数在棉株上产生有翅雄蚜,再飞到越冬寄主上与无翅产卵雌蚜交尾。

(2)不全生活周期 以有翅胎生雌蚜和无翅胎生雌蚜(成蚜和若蚜)在越冬寄主上越冬,棉苗出土后,有翅蚜迁飞到棉田扩散蔓延为害。这类生活周期的越冬寄主多为冬天植株不枯老的植物。

大多数棉区棉蚜属全生活周期,华南、西南部分地区两种生活周期都有。在云南某些地区,棉蚜以不全生活周期繁殖。

2. 繁殖方式 棉蚜在我国绝大部分棉区有两种繁殖方式:一种是有性繁殖,即晚秋经过雌雄蚜交尾产卵繁殖,一年中只发生在越冬寄主上;另一种是孤雌繁殖,即有翅胎生雌蚜或无翅胎生雌蚜不经过交尾,而以卵胎生繁殖,直接产生出若蚜,这种生殖方式是棉蚜的主要繁殖方式。

棉蚜的繁殖力很强,在早春和晚秋气温较低时,10 多天可繁殖1代。在气温转暖时,4～5天就繁殖1代。每头成蚜一生可产60～70头若蚜,繁殖期10多天,一般每天可产5头,最多可产18头。

在寄主植物营养条件恶化、蚜虫群体过分拥挤及不适宜的气候条件等因素影响下,无翅蚜将转变为有翅蚜,从而选择开拓新寄主与适宜生境。有翅蚜具有趋向黄色、集中降落在黄色物体上的习性。

3. 生态型 苗蚜和伏蚜是棉蚜的两个生态型。棉花苗期,苗蚜发生,个体较大,深绿色,适应偏低的温度。适宜繁殖温度为16℃～24℃。当5天平均气温超过25℃,空气相对湿度超过75%,或湿温系数大于3时,其繁殖受到抑制。当日平均气温达到27℃以上时,苗蚜种群显著减退。经过一定时间的较高温度,残存的零星棉蚜产出黄绿色、体型较小、在触角等形态上与苗蚜不完全相同的后代,这就是伏蚜。它在偏高的温度下可以正常发育繁殖。当5天平均气温为24℃～27℃,而空气相对湿度为55%～75%时,伏蚜的日增长率达50%～100%;但是当气温升高至28.5℃～30℃,空气相对湿度大于75%时,伏蚜的繁殖受阻,数量明显下降。有些室内试验还证明,伏蚜在偏低温度下饲养一段时间后会形成苗蚜种群。

成、若蚜都主要集中在棉叶背面或嫩头吸食汁液。苗期受害,棉叶卷缩,棉株生长发育缓慢,开花结铃推迟。蕾铃期受害,上部嫩叶卷缩,中部叶片出现油叶,叶表蚜虫排泄的蜜露常诱发霉菌滋生,严重时导致蕾铃脱落。

(三)发生规律

棉蚜在黄河流域、长江流域棉区1年发生20～30多代,西北内陆棉区1年发生16～20代。棉蚜深秋产卵在越冬寄主(木本植物多在芽内侧及其附近或树皮裂缝中,草本植物多在根部)上越冬。翌年春天气温上升至 6℃时开始孵化为干母,12℃时开始胎生无翅雌蚜,称为干雌。干雌在越冬寄主上胎生繁殖若干代后,产生有翅胎生雌蚜,称为迁移蚜,向刚出土的棉苗和其他侨居寄主迁移,时间在 4 月下旬至 5 月上旬。迁移蚜胎生出无翅和有翅胎生雌蚜,俗称侨居蚜,在棉蚜和其他侨居寄主上为害和繁殖,有翅蚜在田间迁飞扩散。有翅蚜在棉田一般有 1～3 次迁飞,1 次在现蕾前后,1 次在开花期,1 次在吐絮期。到晚秋气温降低,侨居寄主衰老,棉蚜产生有翅性母飞回越冬寄主,产出有翅雄蚜和无翅产卵雌蚜(统称性蚜),交尾后产卵。黄河流域棉区苗蚜主要发生在 5 月中旬至 6 月中旬,伏蚜主要发生在 7 月中旬至 8 月中旬。

棉蚜常见的捕食性天敌,有七星瓢虫、龟纹瓢虫、异色瓢虫、黑背小毛瓢虫、中华草蛉、大草蛉、叶色草蛉、小花蝽、华姬猎蝽、食蚜蝇和草间小黑蛛等。寄生性天敌有蚜茧蜂、蚜跳小蜂和蚜霉菌等。如果平均每株蚜量/平均每株天敌总食蚜量的比值小于 1.67 时,在 4～5 天内棉蚜将受到抑制;或天敌总数与棉蚜比例为 1∶200时,可以控制蚜量。

环境条件对棉蚜的发生有着明显的影响。当性母向越冬寄主迁移期间,如气温较高,雨量适中,有利于其繁殖性蚜,则性蚜产的越冬卵量大。如气温较低,雨量大,越冬寄主提前落叶,影响性母和性蚜的繁殖,则越冬卵量少。在早春干母孵化期间,如气温偏高,有利于其存活、发育和繁殖,则 4 月份有翅蚜向棉田迁移较早且数量多。如温度偏低、雨量大,则迁飞的蚜量减少,初期苗蚜轻。棉蚜特别是有翅蚜在雨水冲刷下种群数量明显减退,日降水量 50毫米或旬降水量 100 毫米左右,抑制作用更显著。干旱气候有利于棉蚜增殖和扩散。但是高温(3 天平均气温 30℃以上)、干旱(空气相对湿度在 50%以下)或暴雨冲刷,都对伏蚜种群有显著的抑制作用,而时晴时小雨的天气对伏蚜最为有利。

一般一熟棉田棉蚜迁入较早,两熟棉田迁入较迟。两熟棉田中，蚕豆田较早，大麦、油菜田次之，小麦田最迟。一般认为氮素含量高的棉株，棉蚜增殖率高；施基肥少、追化肥多的棉田，棉蚜多；施肥正常、棉株健壮的棉田棉蚜少。

(四)防治方法

1. 农业防治 将棉花与小麦套作，利用小麦蚜虫招引天敌，麦熟后麦蚜天敌转移到棉苗上控制棉蚜，在苗蚜发生期一般不施药就可控制其为害。抗虫棉在伏蚜发生期基本上不用化学农药，利用田间天敌可基本控制伏蚜(如需要化学防治棉盲蝽为害，应选用对天敌安全的选择性杀虫剂)。棉田插种高粱，利用高粱蚜虫招引天敌，可以有效控制棉田伏蚜。

2. 生物防治 棉蚜天敌种类丰富，其中瓢虫、草蛉、蜘蛛的控制作用较大。施药时应采取隐蔽用药方法，并选择对天敌杀伤作用小的药剂品种，可以有效保护天敌。

3. 化学防治 苗蚜在 3 叶期以前的防治指标是卷叶株率20%，3 叶期以后是卷叶株率30%～40%。伏蚜的防治指标是平均单株顶部、中部、下部 3 叶蚜量 150～200 头。

用棉花种衣剂包衣(具体用量和用法见各种种衣剂使用说明书)，或 10%吡虫啉可湿性粉剂 500～600 克，拌棉种 100 千克防治苗蚜。种子未做处理的，在苗蚜或伏蚜达到防治指标时，每 667平方米用 10%吡虫啉可湿性粉剂 10～20 克，或 20%啶虫脒2～3克、20%丁硫克百威乳油 30～45 克，对水 40 升左右喷雾，如蚜虫发生量较大，10 天左右后再喷 1 次。

三、棉叶螨

棉叶螨，又名棉红蜘蛛。在我国为害棉花的主要有朱砂叶螨

Tetranychus cinnabarinus（Boisduval）、截形叶螨 *Tetranychus truncatus*（Ehara）和土耳其斯坦叶螨 *Tetranychus turkestani*（Ugarov et Nikolski）3 种,属蛛形纲,蜱螨目,叶螨科。土耳其斯坦叶螨只在新疆棉区发生。其他棉区朱砂叶螨和截形叶螨混合发生,两者有时互为优势种群。棉叶螨寄主植物已知有 50 余种,除棉花外,还寄生玉米、高粱、小麦、大豆、茄子、刀豆、豇豆、西瓜、甜瓜、黄瓜、南瓜、西葫芦、芹菜、烟草、辣椒、甜菜、向日葵、花生、大麻、苜蓿、啤酒花等作物,葡萄、桑树、桃树、杏树、杨树、枣树等果木,玫瑰、月季、扶桑、菊花等花卉和旋花、苍耳等多种杂草。

(一)形态特征

1. 朱砂叶螨

(1)成螨　雌成螨梨形,体长 0.42～0.52 毫米,体宽 0.28～0.32 毫米。体色一般呈红褐色、锈红色,越冬雌虫呈橘红色。体背两侧各有黑长斑 1 块,从胸部末端起延伸到腹部后端,有时分隔成 2 块,前一块较大。雄成螨体长 0.26～0.36 毫米,体宽 0.19 毫米。头胸部前端近圆形,腹部末端稍尖。

(2)卵　球形,直径为 0.13 毫米。初产出时无色透明,渐变为淡黄色至深黄色,带有红色。

(3)幼螨　由卵初孵出的虫态叫幼螨,有 3 对足。幼螨蜕皮后变为若螨,有 4 对足。雌虫分为前期若螨和后期若螨,雄虫无后期若螨,比雌虫少 1 次蜕皮。

2. 截形叶螨和土耳其斯坦叶螨　外部形态与朱砂叶螨十分相似,肉眼或在放大镜下难以将它们区分开来。

(二)生活习性

棉叶螨一生经过卵、幼螨、前期若螨、后期若螨和成螨 5 个阶段。每个龄期蜕皮之前,有一不食不动的静伏期。后期若螨蜕皮后,即羽化为雌、雄成螨。棉叶螨主要是两性生殖,在雌螨后期、若螨静伏期,有不少早羽化的雄成螨守候在旁,待雌螨羽化后争相与之交尾。1头雌成虫日产卵 3～24 粒,平均 6～8 粒,一生可产卵 113～206 粒,平均在 120 粒以上,卵的孵化率达 95％以上。雌成螨经交尾后繁殖的后代,雌、雄性比一般为 4.5：1。雌螨也可不交尾而行孤雌生殖,所繁殖的后代全是雄螨,雄螨与母体回交后产生的后代,兼有雌雄两性。

棉叶螨在北方棉区,以雌成虫于 10 月中下旬开始,群集在向阳处枯叶内、杂草根际及土块、树皮缝隙内潜伏越冬。南方棉区,除以成虫和卵在上述场所越冬外,若有气温升高天气时,可以在杂草、绿肥、蚕豆、豌豆等寄主上繁殖过冬。主要的越冬寄主,有婆婆纳、地黄、苦荬菜、旋花、蒺藜、苍耳、卷耳、通泉草、蒲公英、紫花地丁、艾蒿、豌豆、蚕豆、苕子、苜蓿、桑树、枸树、楝树和刺槐等。

棉叶螨除短距离爬行扩散外,主要借风力传播,也可随水流转移。

成、若、幼螨均危害棉花叶片,从幼苗到蕾铃期,都受到叶螨的危害。叶螨常聚集在棉花叶背,用口针刺吸叶片内栅状和海绵细胞的汁液,破坏细胞中的叶绿体。受害叶片正面出现黄白斑,后变红。截形叶螨危害棉叶仅表现黄白斑,不出现红色斑。叶螨多时,叶背有细丝网,网下聚集虫体。受害叶干枯脱落,棉株占死。中后期发生时,中下部叶片、花蕾和小铃脱落。

(三)发生规律

棉叶螨每年的发生代数随各地气候而异。黄河流域棉区、西北内陆棉区 1 年发生 10～15 代;长江流域棉区 1 年发生 18～20 代。

1. 消长规律 棉叶螨在棉田的发生期及 1 年中的消长情况,因各地的气候条件不同而有差别。在北方棉区,棉叶螨以受精雌成螨在寄主植物枯枝落叶或土缝中越冬,翌年 2 月下旬开始出蛰活动,在早春寄主上取食并繁殖 1～2 代,5 月下旬开始迁入棉田。开始时呈点片发生状态,以后蔓延整个棉田。棉田于 6 月上旬开始出现第一次螨量高峰,6 月下旬出现第二次螨量高峰,7 月下旬至 8 月初如雨季来临,雨水频繁,螨群密度骤降;如持续干旱,8 月份仍可出现第三次螨量高峰。9 月中旬后开始越冬。在南方棉区,棉叶螨的消长除零星发生期比北方早 20 天左右外,其他各主要发生期均比北方要晚。

2. 温度 棉叶螨发育最适温度为 25℃～31℃,最适空气相对湿度为 35%～55%。当温度为 10.3℃～13.7℃,空气相对湿度为 59%～69%时,完成 1 代历时 21～22 天;温度为 24℃～28℃,空气相对湿度为 43%～63%时,8 天完成 1 代;而当温度在 26℃～28℃,空气相对湿度为 53%～59%时,7 天便可完成 1 代。日平均温度 7℃成螨开始产卵,34℃以上停止产卵。当温度为 23℃、空气相对湿度为 50%时繁殖增速,温度虽超过 25℃,但若相对湿度超过 70%时,也不利于其繁殖。高温干燥,是棉红蜘蛛可能猖獗发生的重要标志,天气干旱,高温低湿,则危害严重;而在高湿情况下,种群数量则很快消退。

3. 降雨 降雨量和降雨强度对棉叶螨的数量变动有密切关系。一般说,南方棉区在 5～8 月份,如有两个月降雨量都在 100 毫米以下,则发生严重;如果连续 3 个月每月降雨量均在 100 毫米甚至 50 毫米以下,将猖獗发生;反之,有 3 个月降雨量都超过 100 毫米,或 4 个月超过 100 毫米,则中等发生或轻发生。北方棉区,一般 6 月上旬至 7 月上旬总降雨量在 150 毫米以上,棉叶螨发生为中等程度或轻发生;6～7 月份总降雨量在 100 毫米以下,将发生严重。降雨量和降雨强度对棉叶螨田间数量的消长有两种作用。一是雨量的大小能影响田间的空气相对湿度,从而影响棉叶螨的生长发育与繁殖;二是暴雨能直接冲刷叶螨各个虫态,特别是暴雨的发生能把叶螨冲刷到地面,使其被泥浆粘结而死,或是把泥浆溅到叶背,使栖息在叶背的叶螨粘结而死。

4. 风 风对棉叶螨的分散传播有很大作用。除卵以外,各发育阶段的棉叶螨都会随空气流动而分散传播,移动距离可达 200 米,高度可达 3 000 米。

5. 耕作制度 不同耕作制度的棉田,受棉叶螨危害的程度有所不同。前茬为豆科作物的棉田,棉苗受棉叶螨的危害均较重,而麦茬棉或油菜茬棉受害较轻。在连续套种的棉田内,由于土地未经深翻,棉叶螨越冬基数大,从早春起就能大量繁殖,往往发生较重。长势差的棉花受棉叶螨危害较重。其原因是生长势差的棉田水肥不足,营养缺乏,棉株瘦弱,叶片内可溶性糖类较高,有利于棉叶螨的繁育。由于棉株瘦弱,荫蔽性差,体内外水分容易蒸发,造成高温低湿的小气候条件,也有利于棉叶螨的繁育,所以受害较重。

已知有多种草蛉、深点食螨瓢虫、六点蓟马等捕食棉叶螨。其中六点蓟马是棉田后期棉虫的主要天敌。据四川资料,当每株棉苗平均有棉叶螨 91.6 头时,接种 6 个六点蓟马若虫,10 天后棉叶螨减少 67.5%,15 天后减少 93.3%。据河南省农业科学院植物保护研究所 1986~1987 年所做的生物学和捕食功能研究,六点蓟马对棉叶螨的卵、若螨和成螨的最大日捕食量,其成虫分别为 36 头、93 头和 17 头,二龄若虫分别为 63 头、36 头和 5 头。

(四)防治方法

根据棉叶螨的发生特点和各地的防治经验,其防治策略是:全年灭虫源,棉田控点、控株,协调运用农业防治、生物防治和化学防治等方法,力争把棉叶螨消灭在 6 月底以前,保证棉花不受害,不减产。

1. 农业防治 晚秋和早春结合积肥,铲除田埂、沟、渠、路边和田间杂草,可减少叶螨的危害;秋耕冬灌或者稻棉轮作,压低棉叶螨的越冬基数。棉田要合理布局,避免与大豆、菜豆、茄子等寄主作物连作、邻作和间套作。

2. 生物防治　棉叶螨自然天敌较多,如瓢虫、草蛉、捕食螨、小花蝽、肉食蓟马、蜘蛛等,棉田前期应少用或不用广谱性农药,而应选用选择性药剂,保护自然天敌,充分发挥天敌的控害作用。有条件的地方,在棉叶螨点片发生期,可人工释放捕食螨,在中心株上挂 1 袋,中心株两侧棉株各挂 1 袋,每个袋中约 1 500～3 000 头捕食螨。

3. 化学防治　点片发生时,采取点片挑治,即"发现一株打一圈,发现一点打一片"。连片发生时,选择专性杀螨剂进行全田药剂喷雾防治。可选用的药剂有 73％炔螨特乳油 1 000～1 500 倍液、1.8％阿维菌素乳油 3 000～4 000 倍液、10％浏阳霉素乳油1 000倍液、15％哒螨灵可湿性粉剂 2 500 倍液。喷药应在露水干后或傍晚时均匀喷洒到叶片背面,不漏喷有螨株和叶片。提倡不同类型和作用机制的杀螨剂轮换和复配使用。有机磷类杀虫剂可杀螨,但对天敌杀伤力强,尽量不要选用。

四、烟　粉　虱

烟粉虱 *Bemisis tabaci* (Gennadius)又名棉粉虱、甘薯粉虱,属同翅目,粉虱科,小粉虱属。我国各棉区均有分布,其中黄河流域棉区、长江流域棉区发生危害较严重,而西部内陆棉区整体发生较轻。烟粉虱为多食性的害虫,全世界寄主植物种类达 600 余种,主要为害豆科、菊科、锦葵科、茄科、葫芦科、旋花科和十字花科植物等,其中包括很多重要的经济作物和观赏植物。

（一）形态特征

烟粉虱的生活周期包括卵期、若虫期和成虫期，通常将四龄若虫称为伪蛹。

1. 卵　长梨形，有光泽，长×宽为 0.21 毫米×0.1 毫米，有小柄，与叶面垂直，不规则散产在叶片背面（少见叶片正面）。卵初产时淡黄绿色，孵化前颜色加深，至深褐色。

2. 一至三龄若虫　椭圆形，扁平，长×宽约为 0.27 毫米×0.14 毫米，灰白色，稍透明，腹部透过表皮可见 2 个黄点。有 3 对足和 1 对触角，体周围有蜡质短毛，尾部有 2 长毛。在二龄、三龄时，足和触角等附肢退化消失，仅有口器。体椭圆形，腹部平，背部微隆起，淡绿色至黄色，体长分别约为 0.36 毫米和 0.5 毫米。

3. 四龄若虫　体长约 0.70 毫米，椭圆形，后方稍收缩，淡黄白色，有黄褐色斑纹，背面显著隆起。蛹壳的背面有长刚毛 1～7 对或无毛，有 1 对尾刚毛。管状孔呈三角形，长大于宽，孔后端有小瘤状突起，孔内缘具不规则齿。盖瓣近心脏形，覆盖孔口约1/2，舌状器明显伸出于盖瓣之外，呈长匙形，末端具 2 根刚毛，腹沟清楚，由管状孔后通向腹末，其宽度前后相近。

4. 成虫　虫体黄色，翅白色无斑点，被有白色蜡粉。雄虫体长约 0.85 毫米，雌虫体长约 0.91 毫米。触角 7 节。复眼黑红色。前翅脉 1 根，不分叉，静止时左右翅合拢呈屋脊状，从上往下可隐约看到腹部背面。跗节有 2 爪，中垫狭长如叶片。雌虫尾端尖形，雄虫呈钳状。

（二）生活习性

烟粉虱成虫通过四龄若虫背面的"T"形线羽化出来，绝大多数成虫在光期羽化，很少在黑暗中羽化，温度波动时羽化高峰延迟。成虫幼嫩阶段在 27℃时约为 4 小时。夏季，成虫羽化后 1～8

小时内交尾。春、秋季羽化后 3 天内交尾。成虫喜欢无风温暖天气,气温低于 12℃停止发育,14.5℃开始产卵。当气温变化在 21℃～33℃,随气温升高,产卵量增加,高于 40℃成虫死亡。空气相对湿度低于 60%时,成虫停止产卵或死去。

成虫具有趋黄性、趋嫩性,喜欢群集于植株上部嫩叶背面取食和产卵。随着植株的生长,成虫不断向上部叶片转移,以致在植株上各虫态的分布形成一定的规律:最上部的嫩叶,以成虫和初产淡绿色至淡黄色卵为最多,稍下部的叶片多为黄褐色的卵和初孵若虫,再下部为中、高龄若虫,最下部则以蛹最多。

成虫寿命一般在 10～22 天,长则达 1～2 个月。成虫产卵期 2～18 天,每头雌虫平均产卵 66～300 粒,最高可达 500 粒。

卵多数产在植株上部的新鲜叶片上,不规则散产在叶背面,有时也产成半圆或圆形。卵有光泽,有一细长的卵柄插入叶片中,与叶面垂直,卵柄不仅有附着作用,而且有给卵输送水分和营养的作用。卵初产时淡黄绿色,以后颜色逐步加深,孵化前变为黑褐色,卵期约 5 天。卵在 26℃条件下的存活率最高达到 95.5%,而在 17℃和 35℃条件下的存活率分别为 66.8%和 71.4%。当温度高于 36℃时卵将不能孵化。

若虫有 3 龄,淡绿色。一龄若虫具相对长的触角和足,较活跃。在孵化时身体半弯,直到前足抓住叶片,脱离废弃的卵壳。一般在叶片上爬行几厘米寻找合适的取食点,也可爬行到同一植株的其他叶片上。在叶背将口针插入至韧皮部取食汁液。开始取食后,大多 2～3 天蜕皮进入二龄。二至三龄若虫足和触角退化,固定在叶上不动,若虫期约 15 天。

伪蛹在恒温 29.5℃±0.6℃、光照 14L ∶10D(光期∶暗期)的条件下,90%以上能羽化为成虫。

烟粉虱卵、若虫与成虫在－10℃下连续处理 10 小时,死亡率分别为 86.6%、88.4%和 100%,这说明烟粉虱各虫态的抗寒能力较差。在温暖地区,烟粉虱一般在杂草和花卉上越冬,但在北方寒冷地区的露地不能越冬,而是转移到保护地(温室)的作物和杂草上越冬。

烟粉虱为害棉花主要是通过吸食棉花叶片汁液,大量消耗棉花同化产物,导致棉叶正面出现成片黄斑,严重时导致棉株衰弱,甚至可使植株死亡,引起蕾铃大量脱落,影响棉花产量和纤维质量,造成棉花大幅度减产。烟粉虱若虫和成虫分泌的蜜露,还可诱发煤污病,不仅影响叶片光合作用,还可导致棉花品质下降。同时,烟粉虱还可传播棉花曲叶病病毒。

(三)发生规律

1. 发生世代　在长江流域棉区,烟粉虱1年发生11~15代,世代重叠,于7月中下旬在棉田出现,8月上旬种群数量迅速上升,并在8月下旬出现全年的最高峰,有的年份在9月中下旬还会出现第二个小高峰,9月下旬以后随着气温的不断下降,棉花的成熟,烟粉虱种群密度迅速下降,至10月上旬田间烟粉虱成虫消失。

在黄河流域棉区,烟粉虱1年发生9~11代,世代重叠,于6月中旬开始向棉田扩散,但在7月上旬以前发生量较小,一般不造成危害或危害较轻。7月中下旬以后,烟粉虱大量迁入棉田,随着温度的升高,烟粉虱种群数量迅速上升,分别在8月中下旬和9月中旬达到高峰,此时正值棉花开花盛期和棉铃膨大期,对棉花造成的损失极大。烟粉虱在棉田的危害一直持续到9月底10月初,随着棉叶老化干枯而逐渐结束。

在西北内陆棉区,烟粉虱1年发生6~10代,世代重叠,主要以各个虫态在温室蔬菜及花卉上越冬危害,翌年6月初迁移到田间棉花上开始危害棉花,时间长达120天。6月中旬至7月初虫口密度增长较慢,7月下旬至8月中旬虫口密度达到高峰,造成巨大危害。9月下旬随着棉花收获,温室蔬菜、花卉栽培开始,烟粉虱陆续向温室转移,进入越冬期。

2. 温度　烟粉虱发育、存活和繁殖的最适温度范围是25℃～30℃。高温对其存活和产卵均有一定的抑制作用,过高的温度不利于烟粉虱种群的繁殖。在高温季节,当相对湿度低于20%或高于85%时,对若虫的发育极其有害,卵和若虫发育的适宜湿度范围是30%～70%。综合各种因素的分析,低湿干燥利于烟粉虱种群的发生和危害。

3. 降雨　降雨对烟粉虱种群起着直接的影响。降雨强度愈大,降雨时间愈长,对烟粉虱成虫的冲刷和杀伤作用愈大。短时间的小阵雨对烟粉虱成虫数量影响不明显;而较长时间的大暴雨过后,作物叶片背面的烟粉虱成虫则寥寥无几,连续几天大暴雨和特大雷阵雨,对烟粉虱成虫的杀伤力最大,冲刷率分别达到85.4%和76.1%。

农业产业结构调整后,烟粉虱的嗜好寄主——蔬菜、花卉等作物的播种面积大大增加,这些嗜好寄主与大田作物间作种植现象较普遍,为烟粉虱的周年繁殖和危害提供了丰富的食料和栖息、繁殖场所,加重了烟粉虱的发生。另外,我国北方日光温室和冬季加温大棚的数量及面积大幅度上升,大大增加了烟粉虱的越冬场所,为棉田烟粉虱的暴发提供了充足的虫源。

在我国,烟粉虱有19种寄生性天敌(主要是蚜小蜂科的恩蚜小蜂属和浆角蚜小蜂属等),18种捕食性天敌(主要是瓢虫、草蛉和花蝽等)和4种虫生真菌(玫烟色拟青霉、蜡蚧轮枝菌、粉虱座壳孢和白僵菌)。室内研究表明,异色瓢虫、中华草蛉和龟纹瓢虫的成虫与三龄幼虫,对烟粉虱若虫的最大日捕食量分别为417头、263头、156和625头、238头、108头。小黑瓢虫、陡胸瓢虫、刀角瓢虫、日本刀角瓢虫和淡色斧瓢虫等,对烟粉虱卵和若虫均存在较强的捕食作用。在蚜小蜂放蜂区,释放浆角蚜小蜂3周后,烟粉虱种群的增长趋势指数为11.76,比对照区降低了16倍,寄生率能达到 50.4%。

(四)防治方法

1. 农业防治 针对烟粉虱在我国北方保护地越冬的特点,在保护地秋冬茬尽量避免栽植黄瓜、番茄、茄子等烟粉虱喜食作物,栽培烟粉虱不喜好的半耐寒性叶菜如芹菜、生菜、韭菜等,从越冬环节切断烟粉虱的自然生活史,减少虫源,减轻翌年的危害。

棉花苗床应远离温室,清除残株、杂草,熏杀残存成虫,控制外来虫源,如幼苗带虫应及早用药防治。在加强棉花促早栽培措施下,尽量避免棉花与瓜菜等作物大面积插花种植,也不要在棉田内套种或在田边种植瓜菜。同时还要注意提高棉花中后期管理水平,及时修棉整枝,摘除棉花底部无效老叶,将布满害虫的废枝废叶带出棉田集中处理。清除棉田内外杂草,减少烟粉虱的寄主源,以压缩棉田虫口数量。

烟粉虱的危害与作物嫩绿长势密切相关,要大量使用有机肥和生物菌肥,配合施用钾、氮、磷,促进作物的正常健康生长。特别是要补施硅、钙肥,增加作物表皮细胞壁厚度及角质化程度,提高作物抗逆性,抵抗烟粉虱的侵食,减轻其危害。

2. 生物防治 烟粉虱的天敌种类较多,要加以保护和利用。选择一些对天敌杀伤力小的农药,特别是早春,要尽量少用对天敌杀伤力大的农药,使天敌在自然界大量繁殖,控制烟粉虱危害。

丽蚜小蜂是烟粉虱的有效天敌,当烟粉虱虫量达到每株 5～10 头时即应开始放蜂,每株放蜂 3～5 头,蜂虫比为 3：1 为宜,每 10 天放 1 次,连续放蜂 3～4 次。有报道,白僵菌制剂可以作为抗性农药的替代品防治棉田烟粉虱,玫烟色拟青霉制剂对烟粉虱也有较好的防治效果。

3. 物理防治 利用烟粉虱的趋黄性,于成虫始发期在田间放置黄色粘虫板诱杀成虫,每 667 平方米放 30～40 块,每块大小为

25 厘米×40 厘米,黄板上涂一层 10 号机油混少许黄油的黏性油剂,7～10 天涂油 1 次。黄板底部与植株顶端相平或略高。

4. 化学防治　烟粉虱若虫发生盛期,即当棉株上、中、下 3 片叶总虫量达到 200 头时,用 1.8％阿维菌素乳油 2 000～3 000 倍液,或 10％吡虫啉可湿性粉剂 2 000 倍液,或 25％噻嗪酮(扑虱灵)可湿性粉剂 1 000～1 500 倍液,喷雾防治。

五、蓟　马

为害棉花的蓟马主要有烟蓟马 *Thrips tabaci* (Lindeman),又称葱蓟马、棉蓟马和花蓟马 *Frankliniella intonsa* (Trybom)。又称台湾蓟马。蓟马属缨翅目,蓟马科。烟蓟马在我国各棉区均有分布,以北方棉区发生较重,寄主植物有棉花、烟草、葱、蒜、韭菜、瓜类、马铃薯和大豆等。花蓟马分布遍及全国,主要在苏、皖、浙、鄂、湘等省,寄主有棉花、水稻及十字花科、豆科和菊科植物等。

(一)形态特征

1. 烟蓟马

(1)成虫　体长 1～1.3 毫米,体宽为体长的 1/4,淡褐色。复眼红紫色。触角 7 节,黄褐色。翅淡黄色,细长,翅脉黑色。腹部圆筒形,末端较小。

(2)卵　长约 0.1～0.3 毫米,肾脏形,乳白色。

(3)若虫　形似成虫,淡黄色,无翅,复眼暗红色,触角 6 节,第四节具微毛 3 排。胸、腹部各节有微细褐点,点上生有粗毛。

2. 花蓟马

(1)成虫　雌成虫黄褐色,雄成虫淡黄色,体长 1.3 毫米左右。触角 8 节,第三、第四节端部有锥状感觉器,单眼间鬃长,在三角形连线内。前胸背板前有长鬃 4 根,1 对近前角,1 对近中部,每后角有 2 根长鬃。前翅淡灰色,上下脉鬃连续,上脉鬃 19～22 根,下脉鬃 14～16 根,间插缨 7～8 根。

(2)卵　初产出时乳白色,略绿,肾形。

(3)若虫　橘黄色到淡橘红色。伪蛹长 1.4 毫米,褐色。

(二)生活习性

1. 烟蓟马　成虫活跃善飞,可借风力作远距离飞行,对蓝光有强烈趋性。成虫多分布在棉株上半部叶上,怕阳光,白天多在叶片背面取食,夜间或阴天时才在叶面活动。雌虫可行孤雌生殖,田间见到的绝大多数是雌虫,雄虫极少。成虫多产卵于寄主背面叶肉和叶脉组织内。1 头雌虫每天可产卵 10～30 粒。一龄若虫多在叶脉两侧取食,体小色淡,不太活动;二龄若虫色稍深,易于辨别;二龄若虫老熟后即钻入土中蜕皮变成前蛹,几天后成伪蛹,最后羽化为成虫。

2. 花蓟马　雄成虫寿命较雌成虫短。雌雄比为 1∶0.3～0.5。成虫羽化后 2～3 天开始交配产卵,全天均可进行。成虫有趋花性,卵大部分产于植物花内组织中,如花瓣、花丝、花膜、花柄,一般产在花瓣上。每雌产卵约 180 粒。产卵历期长达 20～50 天。

两种蓟马都主要为害棉苗子叶、嫩小真叶和顶尖。小叶受害后产生银白色斑块,严重时子叶枯焦萎缩。真叶被害后,发生黄色斑块,严重时枯焦破裂。未出真叶前,顶尖受害后变成黑色并枯萎脱落,子叶变肥大,成为长不成苗的"公棉花"(即无头棉),不久死亡;若真叶出现后受害,会形成"多头棉",枝叶丛生,影响后期株形,导致减产;花、蕾严重受害时也可脱落。

(三)发生规律

1. 烟蓟马 在东北地区 1 年发生 3～4 代,在华北地区 1 年发生 6～10 代,在长江流域及以南棉区 1 年发生 10 代以上。每代经历 9～23 天,夏季每代约经历 15 天。卵期和若虫期各为 5 天,蛹期 3.7 天,产卵前期 1.5 天,成虫寿命为 6.2 天。以蛹、若虫或成虫在棉田土壤、枯枝烂叶里以及大葱、蓖麻、白菜、豌豆地等地下 2 厘米深的土里越冬。3～4 月间在早春作物和杂草上活动,4 月下旬至 5 月上旬陆续迁入棉田危害。在黄河流域其为害盛期一般在 5 月中旬至 6 月中旬,新疆为 6 月下旬至 7 月下旬。烟蓟马喜欢干旱,适宜温度为 20℃～25℃,空气相对湿度为 40％～70％,春季久旱不雨,棉蓟马有大发生的可能。另外,凡是靠近蓟马越冬场所或附近杂草较多的棉田、土壤疏松的地块、葱棉间作或连茬的棉田,以及早播棉田,一般发生较重。早春葱、蒜上的蓟马是侵入棉田的虫源之一,当年 3～4 月间这些植物上虫口较高,棉苗初出土时受害严重。

2. 花蓟马 在南方 1 年发生 11～14 代,在华北、西北地区发生 6～8 代。在 20℃恒温条件下完成 1 代需 20～25 天。以成虫在枯枝落叶层、土壤表皮层中越冬。翌年 4 月中下旬出现第一代。10 月下旬、11 月上旬进入越冬代。10 月中旬成虫数量明显减少。花蓟马世代重叠严重。成虫寿命春季为 35 天左右,夏季为 20～28 天,秋季为 40～73 天。每年 6～7 月份、8 月份至 9 月下旬,是花蓟马的为害高峰期。中温高湿,利于花蓟马繁殖为害。棉豆套种、棉(油)菜套种、棉花绿肥套种,以及靠近绿肥、蚕豆、油菜田的棉田,花蓟马的发生与为害重。

(四)防治方法

1. 农业防治 冬春季及时铲除田边、地头杂草,结合间苗、定苗,拔除无头棉和多头棉。棉花定苗后,如出现多头花,应去掉青嫩粗壮孽枝,留下 2～3 枝较细的黄绿色枝条,可使结铃数接近正常棉株。

2. 化学防治 棉苗出土前,用 40％辛硫磷乳油 1 500～2 000 倍液喷雾,防治早春寄主蚕豆、葱、蒜田的蓟马虫源。采用药剂进行棉籽拌种,具体配方可参照棉蚜防治中的相关内容进行。直播棉田在蓟马迁入初期、低龄若虫高峰期,可结合防治棉蚜兼治。在蕾铃期用 10％吡虫啉可湿性粉剂2 000倍液,或 1.8％阿维菌素乳油 3 000～4 000 倍液,进行喷雾防治,也可在防治其他害虫时兼治。

六、棉 叶 蝉

为害棉花的叶蝉有 10 多种,常见的有棉叶蝉、小绿叶蝉、大青叶蝉、榆叶蝉、二点叶蝉、印度棉叶蝉、白边叶蝉及六点叶蝉等。其中,在我国分布最广、危害最重的是棉叶蝉 *Empoasca biguttula* (Shiraki)。本书主要介绍优势种类棉叶蝉。棉叶蝉广泛分布于全国各棉区,以黄河流域棉区发生危害严重。棉叶蝉寄主范围很广,可为害棉花、茄子、烟草、番茄、葡萄、秋菊和野苋等 31 科 77 种植物,其中最喜欢为害的是棉花和茄子。

(一)形态特征

(1)成虫 体长 3 毫米左右(包括翅)。头、胸、腹黄绿色,前翅淡绿色,末端无色透明,内缘靠近末端 1/3 处,有一明显黑圆点,这是棉叶蝉成虫的主要特征之一;后翅透明。雌虫较宽大,腹面末端中央有一黑褐色产卵器。雄虫腹面末节中央处两侧,各有 1 块狭长而密生细毛的下生殖板。

（2）卵　长肾脏形，长约 0.7 毫米，宽约 0.15 毫米。初产时无色透明，孵化前为淡绿色。

（3）若虫　共有 5 龄。一至五龄若虫体长依次为 0.8 毫米、1.3 毫米、1.6 毫米、1.9 毫米、2.2 毫米。中、后胸两后角向后长出翅芽，随龄期增长由乳头状突起发展为长条形。

（二）生活习性

成虫常栖息在植株中上部叶片背面，受惊扰即迅速横行或斜走，或迅速飞走。天气晴朗，气温较高时，成虫活动频繁；风雨天气、气温降低或清晨露水大时，静伏于栖息处，触动棉株也很少迁飞。成虫有弱趋光性，抗寒力较强，越冬前的成虫多栖息在寄主近地面的叶片背面，温度高时仍可活动。成虫羽化后，翌日便可交尾，交尾多在上午进行。卵多产于上部叶片背面的叶脉组织内，以中脉组织内较多，每片叶上每次可产卵 3～4 粒。卵多在白天气温较高时孵化，初孵若虫约在 6 分钟后静止取食，体色渐变为淡绿色。卵孵化后叶背上留有心脏形的小孵化孔。一至二龄若虫常群集于靠近叶片主脉的基部，停留在孵化处取食为害。三龄后迁移为害。若虫共分 5 龄，蜕皮粘在寄主叶片背面。棉株上的虫口数量以上部叶最多，中部次之，下部最少。

棉叶蝉通过取食和传播病毒造成损害。成虫和若虫在棉叶背面取食，使棉叶发生不同程度的缩叶。陆地棉受害后，先是叶片尖端及边缘变黄，然后向叶片中部扩展，渐变为鲜红色，叶缘向下卷缩，称为"缩叶病"。受害严重的棉叶由红变为焦黑，全棉田像火烧一样，最后枯死脱落。棉花严重受害，光合生理功能停滞，果枝瘦小短缩，成铃显著减少，对棉花产量和品质影响很大。

（三）发生规律

棉叶蝉在热带和亚热带可以全年发生为害，但在长江、黄河流域棉区不能越冬。

在广东以成虫呈半休眠状态于多年生木棉上越冬。在广西柳州、四川北碚、湖北江陵等地,产卵于茄、蜀葵、秋葵、木芙蓉、野棉花、马铃薯、梧桐等叶柄、嫩尖或叶脉的组织内并越冬。每年早霜后大部分成虫和全部若虫被冻死,至5月初才有少数若虫出现,5月下旬出现少数成虫,7~8月份繁殖最快,8月中旬至9月下旬为危害盛期,10月中旬虫口密度下降,逐渐进入越冬阶段。在云南棉区,11月份至翌年5月份主要为害蚕豆、宿根茄和宿根棉,7~9月份主要为害春播棉,9月份后为害番茄。

在长江流域各地区,棉叶蝉1年发生的代数差异很大,在江苏南京,为8~10代,湖北武昌为12~14代,以7月中旬至9月中旬为猖獗时期。在黄河流域,1年发生6~8代,每年迁入棉田的始见时间是6月下旬至7月上旬,为害盛期在8月上旬至9月下旬,10月上中旬数量开始下降。如遇高温干旱,繁殖量增加,为害加剧。在25℃和30℃条件下,成虫寿命分别为17天和15天,若虫期分别为10.2天和5~8天,卵期分别为9.7天和4~7天。完成1代,8月份为24~28天,9月份为35~37天。

棉叶蝉喜光喜热惧寒,日平均气温32℃左右最适合其活动与繁殖,15℃以下成虫行动迟钝,6℃以下失去活动能力,降霜后全部若虫和大部分成虫死亡。空气相对湿度为70%~80%时,有利于棉叶蝉繁殖。下雨时,成虫多隐藏在棉株基部枝叶茂密处,大雨或久雨能杀死一部分若虫,并可阻止卵孵化和成虫羽化。强光照使田间温度升高,湿度降低,可促进其发生与为害,田间虫口密度和缩叶病率常高于树荫下棉田的数倍。在零星分散或四周杂草多、土质黏重或沙性重、氮肥过多、棉株枝叶徒长的棉田,其危害重。叶背多毛且毛长、毛硬的品种,不利于棉叶蝉产卵,棉株受害轻。

(四)防治方法

1. 农业防治 选用多毛的抗虫品种,集中连片种植,适时早播,合理密植,科学配方施肥,加强田间管理,促进棉株稳长、健壮,创造不利于棉叶蝉发生的条件。及时清除田间及田边杂草。

2. 化学防治 棉叶蝉防治指标为百叶虫量100头。在若虫盛发期,用10%吡虫啉可湿性粉剂,或3%啶虫脒可湿性粉剂2 500倍液,或25%噻嗪酮(扑虱灵)可湿性粉剂1 000倍液,喷雾防治。

七、棉 铃 虫

棉铃虫 *Heliothis armigera* (Hübner)是一种世界性的重大害虫,分布于北纬50°至南纬50°的欧、亚、非、澳洲各地。棉铃虫在我国各棉区均有分布和为害,其中以黄河流域为害最为严重。棉铃虫的寄主种类众多,我国已知的有20多科200余种,包括棉花、小麦、玉米、大豆、花生、番茄、豌豆、高粱、麻和苜蓿等多种主要农作物。20世纪90年代初期,棉铃虫在我国连续大暴发,给棉花生产带来了毁灭性的灾害。仅1992年,棉铃虫为害导致棉农的直接经济损失达100亿元,棉花产量损失超过30%。近年来,转基因抗虫棉花在长江流域棉区、黄河流域棉区大面积商业化种植,有效控制了棉铃虫的发生和危害,在上述两大流域棉铃虫已不再是主要致灾因子。

(一)形态特征

(1)成虫 体长15～20毫米,翅展27～38毫米。前翅颜色变化较多,雌蛾前翅赤褐色或黄褐色,雄蛾多为灰绿色或青灰色。内横线不明显,中横线很斜,末端达翅后缘,位于环状纹的正下方;亚外缘线波形幅度较小,与外横线之间呈褐色宽带,带内有清晰的白点 8 个,外缘有 7 个红褐色小点,排列于翅脉间。肾状纹和环状纹暗褐色,雄蛾的较明显。后翅灰白色,翅脉褐色,中室末端有一褐色斜纹,外缘有 1 条茶褐色宽带纹,带纹中有 2 个牙形白斑。雄蛾腹末抱握器毛丛呈"一"字形。

(2)卵　近半球形,高 0.51～0.55 毫米,宽 0.44～0.48 毫米,顶部稍隆起。初产卵黄白色或翠绿色,近孵化时变为红褐色或紫褐色。

(3)幼虫　可分为 5～7 个龄期,多数为 6 个龄期。末龄幼虫体长 35～45 毫米,各节上均有毛片 12 个。体色变化较大,大致可分 4 个类型:①体淡红色,背线、亚背线为淡褐色,气门线白色,毛片黑色;②体黄白色,背线、亚背线浅绿色,气门线白色,毛片与体色同;③体淡绿色,背线、亚背线同色,但不明显,气门线白色,毛片与体色同;④体绿色,背线与亚背线绿色,气门线淡黄色。

(4)蛹　体长 17～20 毫米,纺锤形,第五至第七腹节前缘密布比体色略深的刻点。气门较大,围孔片呈筒状突出。尾端有臀棘 2 枚。初蛹为灰绿色、绿褐色或褐色,复眼淡红色。近羽化时,呈深褐色,有光泽,复眼褐红色。

(二)生活习性

成虫多在夜间羽化,夜间 7 时至翌日凌晨 2 时羽化最多,占总羽化数的 65.1%。羽化后 3 天内活动较弱,第四至第七天最强,第八天起逐渐减弱。成虫飞翔力较强,主要在夜间活动,一般有 3 次明显的飞翔时刻。第一次在日落后 3 小时内,在晚上 6～9 时,以 7 时半至 8 时半最盛,此时边飞翔边取食,称为黄昏飞翔,这次飞翔雌蛾比雄蛾早半小时左右。第二次在午夜后 1 时半至清晨 4 时,以 2 时至 2 时半最活跃,主要是觅偶和交尾,称为婚飞。黎明前进行第三次飞翔,找寻隐蔽处所,称为黎明飞翔。日出后(大约早上 6 时左右)停止飞翔活动,栖息于棉株或其他植物丛间。

成虫交尾在婚飞开始时即进行,但主要在清晨 3 时半至 5 时。一生可交尾 1～5 次。羽化后 1～5 天开始产卵,产卵期为 5～10 天,常与寄主的孕蕾开花期吻合。产卵地方随寄主种类不同而异。

成虫繁殖的最适温度是 25℃～30℃。雌蛾平均怀卵量超过 1 200 粒,产卵率高达 97% 以上。高于 30℃ 或低于 20℃ 时,则有不同程度的下降,15℃ 时每雌虫平均怀卵仅 200 余粒,在 35℃ 时,成虫怀卵量和产卵率急剧下降。

卵的孵化率一般为 80%～100%。以下午 6 时后孵出最多。初孵幼虫通常先吃掉卵壳,随后大部分转移到叶背栖息。当天不食不动;翌日大多转移到中心生长点或上部果枝生长点取食,为害不明显;第三天蜕皮,此过程前后不食不动;第四天,即由生长点转移到幼蕾蛀孔为害。发育至三龄以后多钻入蕾铃为害。在蕾期,幼虫通过苞叶或花瓣侵入蕾中取食,虫粪排出蕾外,受害蕾蛀孔较大,直径约 5 毫米,被害蕾苞叶张开,变为黄绿色而脱落。在花期,幼虫钻入花中食害雄蕊和花柱后,又从子房基部蛀入为害,被害花往往不能结铃。在铃期,幼虫从铃基部蛀入,取食一至数室,虫体大半外露在铃外,虫粪也排出铃外。

幼虫经常在一个部位取食少许即转移到他处为害,常随虫龄增长,由上而下从嫩叶到蕾、铃依次转移为害。幼虫转移为害时刻主要在早晨 5 时半至晚上 7 时半之间,尤以早晨 5 时半至中午 12 时最为频繁,占总转移次数的 50%,中午 12 时至晚 7 时半占 37.5%。

一、二龄幼虫为害较轻,三龄个体约可为害蕾、花、铃 3.2 个,四龄约 5.5 个,五龄 8 个,六龄 5.6 个,三至六龄共计为害 22.3 个。被取食的青铃往往被蛀空,仅留铃壳,有时虽仅蛀食 1～2 个铃室,但其他各室也会引起腐烂或造成僵瓣。

幼虫老熟后多在上午 9 时半至中午 12 时左右吐丝堕地,入土做土室化蛹。入土前停食 0.5～4 小时,并排出体内粪便。土室直径约 10 毫米,长约 20 毫米。土室一般做在离棉株 25～50 厘米的疏松土中,入土深度为 2.5～6 厘米,最深达 9 厘米,有的在枯铃或青铃内化蛹。雌虫蛹期一般短于雄虫,造成各代发生期雌性个体多于雄性。高峰期雌、雄个体的比例相近。

棉铃虫的滞育发生于蛹的初期,滞育蛹在后颊中央有 4 个成排的色素斑点。决定滞育的主要因素是光照长短,温度和食料因子也十分重要。棉铃虫幼虫在 25℃ 的适温下,昼夜光照 14 小时是决定蛹滞育的临界点,此时有 50% 的蛹发生滞育,光照期短于 14 小时,蛹全部滞育。较低的温度会延长引起滞育的光照期,在 20℃ 时滞育的临界光照期为 14～15 小时;在 25℃ 时为 13～14 小时;而在 28℃ 时即使幼虫经每昼夜 12 小时的短光照期,滞育率仍不到 50%。以适合棉铃虫发育的棉铃、番茄等食料饲养幼虫时,引起滞育的光照期比以棉叶饲养的短。因此,食料对棉铃虫种群滞育临界期出现迟早有明显的影响。

(三)发生规律

棉铃虫全年发生代数由北向南逐渐增多,西北内陆棉区 1 年发生 3 代,黄河流域棉区大部分为 4 代,长江流域棉区大部分为 5 代。其中,西北内陆棉区以 2 代为害较重,黄河流域棉区常年 2、3 代为害较重,长江流域棉区则 3、4 代为害较重。

黄河流域棉区以滞育蛹越冬,至 4 月中下旬始见成虫,1 代幼虫主要为害小麦、豌豆、越冬豆科绿肥苜蓿、苕子、早番茄等。为害盛期为 5 月中下旬,5 月末大量入土化蛹。1 代成虫始见于 6 月上旬末至 6 月中旬初,盛发于 6 月中下旬,主要为害棉花,其他寄主还有番茄、苜蓿等。幼虫为害盛期在 6 月下旬至 7 月上旬。2 代成虫始见于 7 月上旬末至中旬,盛发于中下旬。3 代幼虫主要为害棉花、玉米、豆类、花生、番茄等;3代成虫始见于8月上中旬,发生期延续的时间长。4代幼虫除为害上述作物外,还为害高粱、向日葵及苜蓿等豆科绿肥。部分非滞育蛹当年羽化,并可产卵、孵化,但幼虫因温度逐渐降低不能满足其发育而死亡。长江流域棉区4代成虫始见于9月上中旬,以5代滞育蛹越冬。

在新疆地区,越冬蛹5月开始羽化,1代成虫产卵高峰期南疆在6月上旬,北疆在6月中旬,主要产在胡麻、豌豆、早番茄、直播玉米等作物上,此外紫草、菲沃斯、曼陀罗上也有。2代产卵高峰南疆在7月上中旬,北疆在7月中旬,主要产在玉米、棉花、番茄、烟草和辣椒等植物上,3代产卵高峰均在8月份,主要产在玉米、烟草、棉花、晚番茄和高粱上。

棉铃虫为杂食性害虫,棉花种植方式和其他作物布局的改变会对其发生产生很大影响。扩大嗜食作物种植面积有利于棉铃虫的发生;各地复种增加,棉田以外寄主增多,有利于棉铃虫发生;间作套种有利于棉铃虫的发生,小麦、棉花或豌豆、棉花间作,虫口密度显著高于平作棉田,棉田间作玉米或高粱,常可减轻棉花上的卵量。棉花生长情况与棉铃虫发生有关。棉花生长好的棉田棉铃虫卵、虫量都高于生长差的田块。

棉铃虫的天敌种类很多,对卵和幼虫都有抑制作用。寄生卵的天敌有拟澳洲赤眼蜂、玉米螟赤眼蜂和松毛虫赤眼蜂,卵寄生率有的高达50%以上。寄生幼虫的天敌有棉铃虫齿唇姬蜂、侧沟绿茧蜂、螟蛉绒茧蜂和四点温寄蝇等。幼虫寄生率有的高达70%左右。捕食性天敌有中华草蛉、大草蛉、叶色草蛉和丽草蛉等。据试验,幼虫日平均捕食棉铃虫卵39.6~49.8粒,捕食幼虫48.7~65.3头;异色瓢虫、龟纹瓢虫、七星瓢虫和黑襟毛瓢虫,日平均捕食棉铃虫卵41~72.3粒,捕食幼虫62.2~71.3头;草间小黑蛛日捕食幼虫38头;三突花蛛日捕食幼虫90.5头;日本肖蛸日均捕食幼虫82.7头;小花蝽每个成虫或若虫日捕食棉铃虫卵2~10粒;

华姬猎蝽可日捕食棉铃虫卵 8~128 粒，日捕食 1 龄幼虫 9~64 头，二至三龄幼虫 3~6 头；还有普通长脚马蜂、隐纹长脚马蜂、纹胡蜂、斑刀螳螂、大型螳螂、蟛蜞、麻雀和泽蛙等，均能捕食棉铃虫幼虫。此外，棉铃虫幼虫还被 1 种线虫寄生，寄生率有的高达35%。

最适宜棉铃虫生长繁殖的温度为 25℃~28℃，空气相对湿度为70%~90%。棉铃虫耐干旱能力强，在干燥气候条件下存活率和繁殖率高，易暴发成灾。长江流域棉区降雨量较多，本不是棉铃虫的常发区，但遇到干旱气候也会大发生。20 世纪 70 年代初和90 年代初，长江流域比较干旱，这两个时期棉铃虫在此区域都大发生。大量降雨对卵和低龄幼虫的存活率影响很大，高湿度的土壤中虫蛹大批死亡或不能正常羽化，使棉铃虫种群数量锐减；同时，高湿常使存活下来的幼虫感染真菌性病害（如白僵菌病等）而死亡。

（四）防治方法

抗虫棉的抗虫性前期较好，在一般年份能有效地控制住二代棉铃虫的发生，基本无须其他防治；其后期抗虫性常有所下降，因此 3、4 代是抗虫棉种植区棉铃虫防控的重点，一些年份需要补充其他防治措施。

1. 农业防治　经审定的抗虫棉品种都通过了抗虫性鉴定、区域试验等多重测试检验，具有抗虫效率高、前后生育期抗虫性稳定、丰产性好等特点。因此，选择种植通过审定的抗虫棉品种，这不仅有利于棉铃虫种群的控制，同时将有助于缓解棉铃虫对抗虫棉抗性的发展。

棉花收获后清除田间棉秆、烂铃和僵瓣，开展深耕和冬灌，可消灭大量越冬蛹。在棉铃虫产卵期摘除边心，及时整枝打杈，并带到田外进行深埋，可明显减轻田间虫、卵量。另外，在棉田边或田间插花种植春玉米、高粱、留种洋葱、胡萝卜等作为诱集带,可诱集棉铃虫产卵,再进行集中杀灭。

2. 生物防治　棉铃虫的天敌资源丰富,寄生性天敌主要有姬蜂、茧蜂、蚜茧蜂、赤眼蜂等,捕食性天敌主要有瓢虫、草蛉、捕食螨、胡蜂和蜘蛛等,昆虫病原真菌和昆虫病毒等,对棉铃虫有显著的控制作用。通过减少高毒化学农药的使用、棉田周围播种蜜源植物(如油菜)等方式,发挥保益(天敌)控害(棉铃虫)作用。有条件的地方,可以通过人工释放赤眼蜂、中红侧沟茧蜂等天敌昆虫来控制棉铃虫发生。

棉铃虫卵始盛期,每 667 平方米用 10 亿 PIB/克棉铃虫核型多角体病毒可湿性粉剂(NPV)80~100 克或 0.5%甲氨基阿维菌素苯甲酸盐微乳剂 20 毫升对水 40 升后喷雾。核多角体病毒首次施药 7 天后再施 1 次,使田间始终保持高浓度的昆虫病毒,效果较好;当虫口密度大、世代重叠严重时,宜酌情加大用药量及用药次数;同时选择阴天或太阳落山后施药,避免阳光直射。

3. 物理防治　棉铃虫成虫具有明显的趋光性,可利用黑光灯、频振式杀虫灯诱杀成虫。有条件的地区,可在棉田内插萎蔫的杨树枝把诱集成虫。

4. 化学防治　转基因抗虫棉田可根据幼虫发生量确定防治指标,长江流域棉区为百株二代低龄幼虫 15 头,三、四代 8~10 头;黄河流域棉区为百株二代低龄幼虫 20 头,三代 15 头。非转 Bt 基因棉可根据卵或幼虫量确定防治指标,长江流域棉区为当日百株二、三代有卵 30 粒,四代百株 30~50 粒;黄河流域棉区为百株二代累计卵量超过 150 粒或百株低龄幼虫 10 头,三代百株累计卵量 25 粒或百株低龄幼虫 5~8 头,四代低龄幼虫 8~10 头。

卵孵化高峰期可喷施 2.5%氟啶脲、氟虫脲乳油 1 000 倍液,棉铃虫幼虫高峰期可喷施硫双威、丙溴磷、辛硫磷、多杀菌素等 1 000~1 500 倍液,可有效防治棉铃虫的危害。蕾铃期棉株高大,喷药应掌握保证棉叶正反面、顶尖、花、蕾、铃均匀着药才能保证药效,同时注意交替用药和轮换用药,施药后遇雨要及时补喷。

八、红铃虫

红铃虫 *Pectinophora gossypiella* (Saunders)是世界性害虫,广泛分布于北纬 40°以南的各产棉国家,我国除新疆、甘肃河西走廊和部分西北内陆棉区外,其他棉区都有发生,以长江流域棉区及其以南棉区发生频率高。据记载,红铃虫的寄主植物有 8 科 77 种,以棉花和羊角绿豆为主。在我国除棉花外,羊角绿豆、秋葵、红麻、蜀葵和木槿上均有发现。在自然条件下,红铃虫除为害棉花、羊角绿豆外,很少为害其他植物。和棉铃虫一样,红铃虫原来也是我国棉花重要致灾性害虫之一,自从大面积推广种植转基因抗虫棉花以来,其危害已得到了基本控制。

(一)形态特征

1. 成虫 体长 6.5 毫米,翅展 12 毫米,是一种黑色的小蛾。头细小,下唇须镰刀状,棕红色,向上弯曲超过头顶。触角棕色,鞭形,共有 38 节,每节窄处有 1 条黑环。前翅尖叶状,翅背面棕黑色,有 4 条不规则的黑褐色横带,并散生黑褐色斑,翅腹面灰白色,缘毛甚长,淡灰色。后翅菜刀状,银灰色,缘毛长,灰白色。胸部灰黑色。腹部背面淡褐色,腹面灰色。雄蛾有翅缰 1 根,雌蛾有 3 根翅缰。雄蛾尾部生有丛毛,从尾部直视丛毛呈钳状,圆孔小,不明显。雌蛾尾部也具有丛毛,但排列整齐均匀,圆孔较大、清晰,上方稍有缺口,是鉴别雌、雄蛾的特征之一。

2. 卵 长 0.4～0.6 毫米,宽 0.2～0.3 毫米,形似大米。初产出时乳白色,有光泽,继而变为淡黄色,快孵化时变淡红色,一端有小黑点,即幼虫的头部,卵表面有花生壳状突起。

3. 幼虫　共4龄。初孵化时的1龄幼虫有时稍带淡红色,长不足1毫米,体毛清楚可见。2龄体长3毫米左右,3龄体长6~8毫米,体色多为乳白色,4龄开始出现红斑。老熟幼虫体长11~13毫米,润红色,头部棕褐色,前胸盾板和臀板棕黑色。在前胸盾板中央,有一淡黄色纵线,两侧各有1个黄色下凹的肾状斑点,为此虫的明显特征。各节背面有淡黑色斑点4个,两侧也各有黑色斑点1个,各斑点的周围为红色晕圈,很明显,远看周身全为红色。雄性幼虫在腹部背面第七、第八节之间体内有1对肾状的黑斑。

4. 蛹　长6~8毫米,宽4毫米左右,长椭圆形。初化蛹时为润红色,以后变为淡黄色以至黄褐色,有金属光泽,将近羽化时呈黑褐色。体表被有淡黄色短绒毛,尾端尖形,有短而弯曲的刺。肛门大,周缘着生褐色小钩状刚毛,每边5~6根,臀刺周围有相似的刚毛8根。生殖孔位于第八腹节之腹面成一细缝,位于第八腹节上端者为雌蛹,位于下端者为雄蛹。

(二)生活习性

成虫白天羽化,大部分于上午8~12时羽化后隐藏在黑暗处,活动时间一般在下午7时以后至翌晨3时以前。羽化后当天能交尾,交尾时间多在夜间11时至翌晨4时。交尾后第二天产卵,以第三天产卵最多,第五天产卵量达50%,第九天达80%。1头雌蛾最多可产卵500余粒,一般为几十至100粒。第一代成虫产卵往往集中在棉株嫩头及附近几个果枝上,其中约80%在嫩叶、顶心及边心上,约15%在蕾上,少数分散在老叶、嫩茎、叶柄等处。第二代产卵期间,由于棉株下部已出现青铃,陆续向铃上转移产卵,其中产在青铃萼片与铃壳间的占53.7%,果枝上的占35.2%,其余产在上部主干、叶、蕾和嫩茎上。第三代卵集中产在中上部青铃上,占94.1%,其中产卵在青铃萼片与铃壳间的占77.6%。

卵白天黑夜都能孵化。在恒温条件下,35℃时卵期为 3 天, 30℃时为 4 天,25℃时为 5～6 天,20℃时为 11 天,在 15℃时虽经 28 天也未见孵化。

在长江流域棉区,第一代幼虫主要以蕾为食,幼虫全钻入蕾、花内,7 月中旬少数幼虫可为害早发棉田的青铃。初孵幼虫常在蕾顶钻入,蛀孔黑褐色,如针尖大小,周围也为黑褐色,常附有绿色细屑状虫粪。一般 1 头幼虫为害 1 个蕾,在蕾内蛀食花蕊,使较小的蕾不能开花而脱落。较大的蕾被害后,虽可以开花,但花冠发育不良,形成“虫花”,花瓣被虫吐丝粘连,不能正常开放。有时花瓣虽能正常开放,但花蕊被虫丝粘成一小团或变黑褐色,幼虫潜伏在内,有时顺花柱而下,蛀食子房,造成花铃脱落。第二代幼虫为害花蕾和青铃,但以青铃为主。幼虫孵化后即可钻入青铃,蛀孔小而圆,针头大,刚钻入后外部有黄色粪粒。1～2 天后小蛀孔变为黑褐色。幼虫钻入嫩青铃所需时间约 20 分钟,钻入硬青铃则需40～70 分钟。大部分幼虫从棉铃基部钻入,次为从铃室联缝处,少数由铃尖侵入。幼虫钻入铃壳后,常在铃壳与内壁间为害,致使铃壳内壁上造成水青色或黄褐色的痕纹,叫“虫道”。然后钻入棉铃内,在铃壳内壁上形成一个不规则的突起,叫“虫瘤”。被害棉铃如遇多雨遭病菌侵入,易引起烂铃,若雨水少,则造成虫僵花。幼虫期为 13～20.7 天,平均为 16.8 天。此代幼虫老熟后,在铃壳上咬成 1 个羽化孔,幼虫绝大部分爬出钻入土中化蛹,也有少数在铃内孔旁化蛹,并吐丝将孔薄薄封住。蛹期 9.4 天。部分幼虫随着籽棉带进仓库,而进入滞育。第三代幼虫绝大多数集中生活于青铃上,由于青铃的食料中水分减少,脂肪增多,幼虫期亦因而延长,成熟后 99% 进入滞育。仅有少数在蕾和嫩铃上为害的幼虫羽化为第四代。

红铃虫越冬处所比较集中,从籽花里爬出潜入棉花仓库里越冬的幼虫占 80% 左右,棉籽里占 15% 左右,枯铃里占 5% 左右。江苏南京调查,8 月下旬籽花内有 53.1％幼虫进入滞育越冬,死亡率为 27％;而 10 月上中旬有 98％的幼虫进入滞育越冬,死亡率为 4％;10 月下旬有 99％的幼虫进入滞育越冬,死亡率较高,为 22.4％;11 月上中旬 100％的幼虫进入滞育越冬,死亡率为 3.1％～3.6％。

(三)发生规律

红铃虫在黄河流域棉区 1 年发生 2～3 代,在长江流域棉区 1 年发生 3～4 代。长江流域棉区越冬代成虫羽化高峰,一般出现在 6 月下旬至 7 月上旬。第一代卵散产于棉株顶芽附近的嫩叶上,产卵高峰出现在 7 月上中旬,卵期约 6 天。幼虫孵化后,以花蕾为食,幼虫期12～13 天,蛹期 8～9 天。第一代成虫在 7 月下旬至 8 月初进入高峰,此时棉花正进入开花高峰。第二代卵大部分产在棉株下部成长的青铃上,卵高峰期在 8 月中下旬,卵期 4～5 天。第二代幼虫主要取食棉铃,幼虫期 16～19 天,蛹期约 10 天,成虫在 8 月底至 9 月上中旬进入高峰。第三代卵于 9 月上中旬产于棉株中上部的棉铃上,卵期 6～7 天,幼虫为害棉铃。越冬幼虫最早于 8 月底左右出现,这些是属于第二代的少数幼虫。9 月中旬以后大部分进入滞育状态越冬。

红铃虫的发育适宜温度为 25℃～30℃,空气相对湿度为 80％～100％,气温在 20℃以下或 35℃以上时对红铃虫发生不利,高温干旱对成虫产卵和孵化均有一定的抑制作用。雨量对红铃虫的发生影响较大,6～7 月份雨量过多,雨期过长,气温因而下降,棉花生长迟缓,现蕾开花推迟,不利于第一代成虫交尾产卵,即使产卵,也因食料较缺乏而不能成活。第二代红铃虫产卵期,如有适当的雨量,产卵就多,危害加重,但如气候干旱,虽虫口密度较高,但产卵量也会受到抑制。第三代红铃虫产卵期如阴雨天多,空气相对湿度大,产卵也多,但秋后气温下降至 22℃以下后,产卵显著减少。

红铃虫在铃内繁殖数量比蕾内为多,棉株未长出青铃前,幼虫只能食害花蕾,由于蕾的空间有限和幼虫的相互残杀,往往1个蕾内只有1头幼虫存活,并且因被害蕾的脱落,蕾内的幼虫不能完全成熟。因此,以蕾为食料的红铃虫,幼虫数量的积累受到很大限制。棉株长出青铃后,幼虫大多蛀食青铃,由于铃内空间较大,食料充足,一般可存活 3～4 头幼虫,最多 1 个铃上有 60 个侵入孔,可存活 9 头幼虫。铃的发育期一般需 45～70 天,这期间虫数可以不断积累增加。棉花早发早熟丰产年份,青铃出现早,伏桃多,有利于第一、第二代的繁殖;反之,棉花迟发年份,棉株后期长势旺,秋桃多,有利于第三代红铃虫的产卵繁殖。

红铃虫寄生性天敌有黑青小蜂(金小蜂)、黑胸茧蜂、中国齿腿姬蜂、梨瘿蛾齿腿姬蜂、红铃虫甲腹茧蜂;寄生卵的有澳洲赤眼蜂;捕食性天敌有小花蝽、中华草蛉、草间小黑蛛、华野姬猎蝽、三突花蟹蛛和看痒螨。这些天敌对红铃虫有一定的抑制作用。

(四)防治方法

抗虫棉对红铃虫有很好的抗虫性,目前我国红铃虫种群已得到了有效控制,基本无须其他防治。与防治棉铃虫一样,首要途径就是选择种植通过审定的抗虫棉品种。在非抗虫棉种植区或个别发生较严重的地区,可考虑以下防治方法。

1. 农业防治 籽棉采收后集中收购轧花,并于翌年 4 月份前对籽棉和棉籽进行加工处理,可以破坏红铃虫的越冬场所。棉花仓库周边 2 000 米内,不要种植棉花,经 2～3 年后可完全控制红铃虫的发生。

2. 化学防治 籽棉入仓后用 80% 敌敌畏乳油 800 倍液喷洒,喷后封仓 3～4 天。

棉田要根据产卵部位喷药,防治第二代红铃虫要重点喷在下部青铃上,并兼顾上、中部花蕾,做到全株喷药。防治第三代,药液要集中喷在中、上部青铃上,对中部青铃喷头朝横向喷射,对上部青铃喷头应向下喷射。在非抗虫棉田,当日百株卵量第二代达40～70粒,第三代达100～200粒时,每667平方米用2.5%溴氰菊酯乳油25～30毫升,加40%辛硫磷乳油50毫升,对水50～70升,或每667平方米用2.5%高效氯氟氰菊酯水乳剂30～40毫升,加48%毒死蜱乳油50毫升,对水50～70升喷雾灭虫。

九、斜纹夜蛾

斜纹夜蛾 *Prodenia litura* Fabricius 是多食性害虫,在长江以南及东南沿海省(区)是常发区,在淮河以北仅间歇发生。斜纹夜蛾的寄主达200余种,除为害棉花外,还可为害甘蓝、白菜、莲藕、芋头、苋菜、马铃薯、茄子、辣椒、番茄、豆类、瓜类、菠菜、韭菜、葱类、甘薯、花生、大豆、芝麻、烟草、向日葵、甜菜、玉米、高粱和水稻等多种蔬菜和大田作物。由于抗虫棉对斜纹夜蛾的抗性不强,在不进行药剂防治的情况下,斜纹夜蛾能使抗虫棉显著减产。近几年,该虫在湖北、江苏等省的棉田大面积发生,有的棉农对它的危害性认识不足,防治不及时,造成较大损失。

(一)形态特征

1. 成虫 体长16～21毫米,翅展37～42毫米,体灰褐色。前翅黄褐色至淡黑褐色,多斑纹,从前缘中部至后缘有一向外倾斜的灰白色宽带状斜纹,其中雄蛾的斜纹较粗。后翅无色,仅翅脉及外缘暗褐色。

2. 卵 馒头形,直径约0.5毫米,表面有纵横脊纹,黄白色,近孵化时暗灰色。卵粒常三四层重叠成块。卵块椭圆形,上覆以黄褐色绒毛。

3. 幼虫 体色因龄期、食料、季节而变化。初孵幼虫绿色，2～3龄时黄绿色，老熟时多数黑褐色，少数灰绿色。背线和亚背线橘黄色，沿亚背线上缘每节两侧各有1个半月形黑斑，其中以第一、第七、第八节的最大，在中、后胸半月形黑斑的下方有橘黄色圆点。老熟幼虫体长38～51毫米。

4. 蛹 长18～20毫米，圆筒形，赤褐色，气门黑褐色。腹部第四至第七节前缘密布圆形刻点，末端有臀棘1对。

(二)生活习性

成虫白天不活动，躲藏于植株茂密的叶丛中或土缝中及其他隐蔽场所，黄昏后开始飞翔取食，多在开花植物上取食花蜜，然后才能交尾产卵。交尾产卵多在黎明时进行，产卵前期一般为1～3天。各世代成虫的产卵量、产卵历期随季节环境条件而不同，一般羽化后3～5天为产卵盛期，产卵历期5～7天，每雌可产卵8～17块，计1000～2000粒，最多可达3000粒。卵块外有驼色绒毛，卵多产于高大茂密浓绿的作物上，植株中部着卵较多，顶部或基部相对较少。卵块多产在叶片背面，较少在叶片正面、叶柄和茎部。成虫寿命一般为7～15天，短则3～5天，在11月间可达20天以上。对糖、酒、醋及发酵的胡萝卜、豆饼等有很强的趋性，对黑光灯趋性较强。

随季节不同，各世代卵期长短不一，在日平均气温为22.4℃时为5～12天，25.5℃时为3～4天，28.3℃时为2～3天。

幼虫一般可分为6个龄期，少数7个或8个龄期。初孵幼虫群集在卵块附近取食，不怕光，稍受惊扰就四处爬散或吐丝飘散。1～2龄幼虫群集叶片背面啃食，只留下上表皮，被害叶枯黄，极易在棉田中发现。3龄幼虫开始分散为害，常将棉叶吃成许多不规则的破孔或缺刻，严重时将棉叶吃光，留下叶脉。花蕾和初开放的花朵被幼虫为害后,苞叶被啃成筛孔状,有时将蕾的大部分吃去,花冠被吃成残缺不全,且往往把柱头和雄蕊全部吃光。从5龄开始进入暴食阶段,5～6龄2个龄期的食量占幼虫一生食量的98%以上,大都傍晚开始为害。当食物缺乏时,老龄幼虫可成群爬迁危害附近的作物。幼虫一生可食害花20朵以上,有时在同一朵花内有2头以上的幼虫争相取食,造成蕾花脱落。在棉花生长后一阶段,幼虫又为害棉铃,幼铃被害后很容易脱落,大铃被害时,幼虫在铃上蛀洞,铃内纤维被吃空,同时蛀孔周围有很多虫粪,容易引起病菌侵入,造成棉铃的腐烂,影响产量和质量。幼虫有背光性,晴天白天躲在阴暗处很少活动,傍晚出来取食,至黎明躲藏,阴雨天也有少数爬上植株取食,一般21～24时为害最重。幼虫历期17～25天,幼虫密度大时,历期缩短,体色较深。幼虫老熟后入土造蛹室化蛹,一般在土下3～7厘米处。

(三)发生规律

在我国,该虫由北到南1年可发生4～9代,世代重叠,无滞育现象。黄河流域棉区1年发生4～5代,长江流域棉区1年发生5～6代,云南、广东、福建和台湾等地,终年均可发生。以长江流域各省和河南、河北、山东等地发生较重。每年7～10月份为其盛发期,长江流域多在7～8月份大发生,黄河流域则以8～9月份为重。以蛹和少量老熟幼虫在地下越冬。

温度28℃～30℃、空气相对湿度75%～85%时,最利于斜纹夜蛾发生与为害。温度高于38℃和南方冬季低温,对卵、幼虫和蛹发育都不利。暴风雨对初孵幼虫有很强的冲刷作用。因此,在夏秋季气候干燥、气温偏高、少暴雨的条件下,斜纹夜蛾常猖獗发生。由于取食十字花科和水生蔬菜的斜纹夜蛾发育快,存活率、繁殖率高,靠近菜地的花生和棉田往往受害严重。

一般在密植、生长茂盛、浇水较多的棉田发生危害较重。

(四)防治方法

1. 农业防治 卵盛发期,晴天上午 9 时前或下午 4 时后迎着阳光人工摘除卵块或初孵"虫窝",简便易行。

2. 生物防治 斜纹夜蛾天敌种类较多,如多种寄生蜂、寄生蝇、瓢虫、蜘蛛、步甲、核型多角体病毒、颗粒体病毒、微孢子虫、虫生真菌和细菌等,在斜纹夜蛾一般发生的年份,防治时应尽可能少用化学农药,而要充分发挥天敌的自然控制作用。

卵孵化盛期至低龄幼虫期,用 2 000 IU/毫升苏云金杆菌 400 倍液或杀螟杆菌制剂或核型多角体病毒(NPV)400 倍液喷雾。

3. 物理防治 棉田连片设置频振式杀虫灯、糖醋液或豆饼、甘薯发酵液,诱杀斜纹夜蛾成虫。。

4. 化学防治 药剂防治幼虫必须掌握在未进入暴食期的三龄以前,消灭于未扩散的点片阶段。常用的药剂和用量为:4.5%高效氯氰菊酯乳油 1 500～2 000 倍液,或 10%虫螨腈可湿性粉剂 10 000～16 000 倍液,20%虫酰肼可湿性粉剂 2 500～3 000 倍液,2.5%多杀菌素可湿性粉剂 20 000～40 000 倍液,40%毒死蜱乳油稀释 4 000 倍液等,生产中可根据需要轮换选择使用。

十、甜菜夜蛾

甜菜夜蛾 *Laphyglna exigua* (Hiibner)又名贪夜蛾、玉米小夜蛾,属鳞翅目,夜蛾科。该虫分布广泛,在黄河流域棉区、长江流域棉区和西北内陆棉区均有发生。寄主植物有 170 余种,除为害棉花外,还为害甜菜、芝麻、玉米、麻类、烟草、青椒、茄子、马铃薯、黄瓜、西葫芦、豇豆、架豆、茴香、胡萝卜、芹菜、菠菜和韭菜等多种作物。转基因抗虫棉花对甜菜夜蛾有一定的抗虫性,抗性效率为

60％～70％,低于对棉铃虫的抗虫性水平。在发生偏重年份,还需进行药剂防治。

(一)形态特征

1. 成虫　体长8～10毫米,翅展19～25毫米,灰褐色,头、胸有黑点。前翅中央近前缘外侧有1个肾形斑,内侧有1个土红色圆形斑。后翅银白色,翅脉及缘线黑褐色。

2. 卵　圆球形,白色,成块产于叶面或叶背,每块有卵8～100粒不等,排为1～3层,因外面覆有雌蛾脱落的白色绒毛,故不能直接看到卵粒。

3. 幼虫　共5龄,少数6龄。末龄幼虫体长约22毫米,体色变化很大,有绿色、暗绿色、黄褐色、褐色至黑褐色,背线有或无,颜色各异。腹部气门下线为明显的黄白色纵带,有时带粉红色,直达腹部末端,不弯到臀足上,是区别于甘蓝夜蛾的重要特征,各节气门后上方具1个明显白点。

4. 蛹　长10毫米,黄褐色,中胸气门外突。

(二)生活习性

成虫白天隐藏在杂草、土缝等阴暗处,受惊后可短距离飞行,夜间8～11时活动最盛,进行取食,交尾,产卵。对黑光灯有强趋性。

卵多产在植物叶片背面或叶柄部,初产卵为浅绿色,接近孵化时为浅灰色,平铺一层或多层重叠,有灰白色绒毛覆盖。每雌产卵600～1 130粒,最多可达1 700粒。卵期3～5天,温度低时可达7天。

幼虫体色多变,但以绿色至褐色为主。初孵出幼虫群集在棉叶背面,吐丝结网,先取食卵壳,后陆续从绒毛中爬出,群集啃食,一至二龄常群集叶片上为害,三龄开始分散为害,大量取食棉叶成孔洞或缺刻,严重发生时也为害棉蕾、棉铃和幼茎。幼虫有假死性,稍受惊扰,大多即卷成"C"形,滚落地面。幼虫畏强光,故常在早晚为害,阴天可全天为害。老熟后在疏松的0.5～5厘米深的土层内筑土室化蛹,土层坚硬时,可在土表植物落叶下化蛹。蛹期7～11天。幼虫和蛹抗寒力弱。若冬季长期低温,越冬蛹则死亡量大。

(三)发生规律

甜菜夜蛾在长江流域1年发生5～6代,少数年份发生7代,越往南方,其每年发生代数会随之增加。在深圳地区1年可发生10～11代。主要以蛹在土壤中越冬。在华南地区无越冬现象,可终年繁殖为害。甜菜夜蛾在长江流域各代发生为害的时间为:第一代高峰期为5月上旬至6月下旬,第二代高峰期为6月上中旬至7月中旬,第三代高峰期为7月中旬至8月下旬,第四代高峰期为8月上旬至9月中下旬,第五代高峰期为8月下旬至10月中旬,第六代高峰期为9月下旬至11月下旬,第七代发生在11月上中旬,该代为不完全世代。一般情况下,从第三代开始会出现世代重叠现象。

适温(或高温)高湿环境条件有利于甜菜夜蛾的生长发育。甜菜夜蛾在田间发生的早晚,取决于1～3月份温度的高低,而每年6～8月份的降雨量和雨日数,直接影响夏季甜菜夜蛾的发生数量,旬降雨量在100毫米以上的时间愈长,该虫发生量愈小,严重发生的时间愈短;反之,该虫发生量愈大,严重危害的时间愈长。

甜菜夜蛾的天敌资源丰富,特别是寄生性天敌种类较多。据不完全统计,甜菜夜蛾寄主性天敌种类有80多种,其中寄生蜂和寄生蝇就有60多种,病原物有10种,寄生线虫有10种,在田间对甜菜夜蛾的发生有较好的控制效果。

(四)防治方法

1. 农业防治　秋末初冬耕翻土地,可消灭部分越冬蛹。春季3～4月份除草,消灭杂草上的低龄幼虫。结合田间管理,摘除叶片背面卵块和低龄幼虫团,集中消灭。

2. 生物防治　保护利用自然天敌。甜菜夜蛾的天敌主要有草蛉、猎蝽、蜘蛛和步甲等。卵孵化盛期至低龄幼虫期,每 667 平方米用 100 亿～300 亿活孢子/克杀螟杆菌 50～100 克,或 100 亿活孢子/克青虫菌粉 50～67 克喷雾。

3. 物理防治　棉田可集中连片设置频振式杀虫灯诱杀成虫,使用方法参照棉铃虫的防治。

4. 化学防治　1～3 龄幼虫高峰期,用 20% 灭幼脲悬浮剂 800 倍液,或 5% 氟铃脲乳油或 5% 氟虫脲可分散液剂 3 000 倍液喷雾。甜菜夜蛾幼虫在晴天傍晚 6 时后,向植株上部迁移,因此应在傍晚喷药防治,注意叶面、叶背均匀喷雾,使药液能直接喷到虫体及其为害部位。

十一、棉大卷叶螟

棉大卷叶螟 *Syllepte derogata* Fabricius 又名棉卷叶螟、棉大卷叶虫、包叶虫、棉野螟蛾、棉卷叶野螟,属鳞翅目,螟蛾科。我国除宁夏、青海、新疆未见有关其发生的报道外,其余省份均有分布,但以长江流域的江苏、浙江、江西、安徽、湖南、湖北和四川等省发生频率较高。寄主植物为棉花、苋菜、蜀葵、黄蜀葵、苘麻、芙蓉和木棉等。自从抗虫棉大面积推广种植以来,棉大卷叶螟的发生与为害便得到了基本的控制。

(一)形态特征

1. 成虫 体长 10～14 毫米,翅展约 30 毫米,全体淡黄色,有光亮,触角鞭状,淡黄色,细长。全身花纹呈深褐色。前翅近基部有"OR"形纹。后翅有褐色波状纹,中室处有环状纹。胸部背面有 12 个褐色点,成 4 行排列,腹节前缘有褐色带,雄虫腹部末端有 1 个深褐色点。

2. 卵 椭圆形略扁,长约 0.12 毫米,宽约 0.09 毫米,初产时乳白色,后变为淡绿色,孵化前呈灰色。

3. 幼虫 老熟幼虫体长约 25 毫米,宽约 5 毫米。全身青绿色,体壁透明,头赤褐色,上有不规则暗色斑纹。前胸背板深褐色。越冬期老熟幼虫呈桃红色。

4. 蛹 体长 12～13 毫米,细长,纺锤形,初化蛹时淡绿色,后变为红褐色,腹部末端有刺状突起。

(二)生活习性

成虫多在夜间 10 时至翌晨 7 时羽化,此时间段羽化的成虫占羽化总数的 84.54%。羽化时,沿蛹体触角处开裂,一般 3～7 分钟后成虫就能顶开蛹壳爬出,爬出后再经 3～6 分钟便完全展翅。

成虫活动时间主要在夜间 7 时至翌晨 2 时,此时成虫飞翔、活动频繁,并交尾。白天活动减弱,趋光性弱。羽化当天或第二天晚上即可交尾,交尾时间为夜间 8 时至翌晨 2 时,交尾时雌雄个体呈"一"字形,攀附于物上不动,交尾持续时间 1～4 小时。交尾后的成虫一般在第二、第三天开始产卵,少数在第四天产卵。成虫不同世代、同世代的不同雌虫,产卵量差异较大,从 73 粒至 638 粒不等。卵主要分布于叶片主脉两侧,单个散产或多个排列呈条状,偶尔发现于叶柄、嫩枝、棉铃苞叶和卷叶内。

幼虫多在下午及夜间孵化,上午孵化量少。同一天产的卵孵化时间比较整齐。幼虫孵化后，多头聚集于一处，取食作物叶片背面的叶肉，留下上表皮，呈白色薄膜状。幼虫三龄后食量大增，此时为害叶片，表现为缺刻症状。幼虫喜吐丝卷曲叶片，低龄时一般卷曲叶片一角或直接潜伏于高龄幼虫为害过的卷筒叶片内取食，高龄时卷曲整张叶片呈喇叭状或几张叶片缀合成虫苞，幼虫潜伏于卷叶内取食为害。低龄幼虫喜群集为害，三龄以后一般一张卷叶内仅留 1 头幼虫，且喜转移为害。在食源充足时棉大卷叶螟幼虫常不吃光叶片即转移，食源匮乏或虫量较大时整株叶片被卷曲，大发生时叶片被全部食光。

幼虫多集中于夜间蜕皮，一般夜间蜕皮的幼虫下午即停止取食，活动减少或不活动，体色变浅，呈淡黄色或苍白色，身体稍微收缩。幼虫新皮形成后，一般只需几分钟就能离开旧皮。蜕皮后头部呈乳白色，然后颜色逐渐变深。蜕下的皮 1～2 小时大部分溶解消失，仅留头壳。五龄幼虫进入老熟时取食渐停止，体色转为桃红色，爬行频繁，待找到隐蔽场所即停止爬动。化蛹前吐丝粘合叶片成一蛹室，体收缩，颜色变深，表皮皱缩，慢慢蜕去一层皮即化成蛹。化蛹持续时间一般为 2～4 天。

在长江中下游地区，棉大卷叶螟一般于第五代幼虫（9 月上旬至 10 月上旬）老熟后，体色变为桃红色，虫体收缩，准备越冬。越冬场所多为卷曲的老叶或吐丝掉落地面，在枯枝落叶、草丛等隐蔽场所潜伏越冬，触之身体略动。

(三)发生规律

以老熟幼虫在棉田落铃落叶、杂草或枯枝树皮缝隙中做茧越冬，也有少数在田间杂草根际或靠近棉田的建筑物上越冬。1 年发生代数各地不一，辽河流域每年发生 3 代，黄河流域 4 代，长江流域 4～5 代，华南 5 代，台湾 6 代。长江流域棉区的越冬幼虫于 4～5 月份化蛹变蛾。在湖南，第一代蛾在 4 月下旬开始羽化，盛期在4月底至5月初,末期为5月中旬;第二代蛾发生期为6月上中旬至7月初,第三代蛾发生期在7月上旬至7月下旬,第四代蛾发生期在7月底至8月下旬,第五代蛾发生期在9月初至下旬,10月上中旬尚有少数第六代羽化。平均气温下降至16℃时开始越冬。第一代为害苘麻、木槿、蜀葵等植物,第二代开始为害棉花,并在其他寄主植物上继续为害。以8~10月份危害最重。

陆地棉叶片较宽大,受害较重;亚洲棉叶片小,受害较轻;鸡脚棉叶片缺刻深,受害轻,早熟品种较晚熟品种受害轻。春夏干旱、秋季多雨年份发生重,靠近村庄、苘麻地和生长茂密的棉田受害严重。

棉大卷叶螟自然天敌丰富,寄生性天敌有卷叶虫绒茧蜂、小造桥虫绒茧蜂、日本黄茧蜂、广大腿小蜂等,捕食性天敌有蜘蛛、草蛉、瓢虫、小花蝽等。有报道,在江淮棉区棉大卷叶螟的被寄生率高达25%,寄生性天敌对棉大卷叶螟种群起着重要的控制作用。

(四)防治方法

1. 农业防治 棉田秋耕冬灌,清除枯枝落叶,铲除田间和田边杂草,可以减少越冬虫源。结合农事操作,人工摘除被幼虫卷起的棉叶,集中销毁,或在田间直接拍杀幼虫。

2. 物理防治 成虫发生期,在棉田设置频振式杀虫灯,诱杀成虫。

3. 化学防治 用药剂喷洒木槿、芙蓉、蜀葵、苘麻等一代幼虫的寄主植物,降低虫口基数。在棉田幼虫初孵聚集为害尚未卷叶时,用90%敌百虫晶体800~1 000倍液,或40%辛硫磷乳油1 000倍液,0.3%苦参碱水剂1 000~1 500倍液喷雾防治。棉田防治指标为百株低龄幼虫达30~50头。

十二、棉造桥虫

为害棉花的造桥虫有两种：棉小造桥虫 *Anomis flava* (Fabricius)，又名棉夜蛾，俗名打弓虫；棉大造桥虫 *Atractomorpha lata* Motschulslskv，又名棉叶尺蛾，俗名量地虫。棉小造桥虫除西北内陆棉区及新疆外，其他棉区均有分布，尤以长江流域和黄河流域棉区发生为害较重。棉大造桥虫在长江流域、黄河流域棉区也均有发生，它是一种间歇性、局部为害的杂食性害虫。除主要为害棉花外，棉小造桥虫还为害麻类、蜀葵、锦葵、烟草、木耳菜和冬苋菜等；棉大造桥虫还为害豆类、花生、向日葵、小蓟和苦楝等。由于抗虫棉对棉造桥虫有高抗性，随着抗虫棉花在我国的大面积推广种植，使其为害得到基本控制。

(一)形态特征

1. 棉小造桥虫

(1)成虫　体长为 10～12 毫米，翅展为 23～25 毫米。头胸部黄色，腹部灰黄色。前翅内半部淡黄色，布满红褐色细点，有 4 条横的波状纹，翅外缘约 1/3 为灰褐色，近前缘中部，有一椭圆形白斑。后翅灰黄色，翅脉褐色。雌蛾体色较淡。触角丝状。

(2)卵　扁圆形，直径约 0.6 毫米。青绿色，顶端有环状隆起线，有很多纵棱和横格。

(3)幼虫　三龄幼虫体长 10～12 毫米，老熟幼虫体长约 35 毫米，身体灰绿色或青黄色，身体各节有褐色刺毛，有胸足 3 对，腹足 3 对，尾足 1 对。

(4)蛹　纺锤形，体长约 12 毫米，有并列臀棘 2 对，内方 2 根较长，而且向腹部弯曲，外方 2 根，较短而直。

2. 棉大造桥虫

(1)成虫 雌蛾体长 16 毫米,翅展 45 毫米;雄蛾体长 15 毫米,翅展 38 毫米,全体为暗灰色,遍布黑褐色或淡黄色小鳞片。触角细长,雄蛾羽状,雌蛾鞭状。前翅暗灰色,中央有半月形白斑,外缘有 7~8 个半月形黑斑互相连接。后翅花纹大致与前翅相同,但颜色稍淡。

(2)卵 长椭圆形,长 0.7 毫米,宽 0.4 毫米,青绿色,上有深黑色或灰黄色纹,卵壳表面有小凸粒。

(3)幼虫 老龄幼虫体长 40 毫米,头黄褐色,身体圆筒形,体表光滑,黄绿色,两侧密生小黄点。背线淡青色,亚背线黑色,气门线黄褐色,气门下线深黑褐色。有胸足 3 对,腹足 1 对,着生于第六腹节,尾足 1 对。

(4)蛹 体长 14 毫米,宽 5 毫米,深褐色,头部细小,触角长达腹部第三节。尾端尖,有刺 1 对。

(二)生活习性与发生规律

棉小造桥虫在黄河流域棉区 1 年发生 3~4 代,主要在 8~9 月份危害。在长江流域棉区 1 年发生 4~6 代,在 7~8 月份为害。主要以老熟幼虫在寄主或棉柴堆向阳处吐丝作茧化蛹越冬。第二代至第五代均为害棉花。成虫有较强的趋光性,对杨树枝把也有趋性。每头雌蛾可产卵 200~1 000 粒,卵散产,大多产于棉株中下部叶片的背面。初孵幼虫喜爬行,行走时似拱桥状,有吐丝下垂习性,常随风飘移转株为害。一至二龄幼虫主要危害中下部叶片,三至四龄转移到棉株上部咬食棉叶、蕾、花和幼铃。棉田内老熟幼虫常在蕾铃苞叶间吐丝化蛹。7~9 月份雨水多,有利于小造桥虫发生。

棉大造桥虫在长江流域棉区 1 年发生 4~5 代,每个世代历期约 40 天。末代幼虫 10 月上旬开始入土化蛹越冬,翌年 3 月中下旬开始羽化。成虫羽化后 1～3 天交尾,1～2 天后产卵;卵散产在土缝或土面,也可产在屋檐瓦缝或柴草上,卵壳厚而坚韧,对潮湿抵抗力极强,可借流水传播蔓延。每头雌蛾可产卵 200～1 000 粒。初孵幼虫能吐丝随风飘移,幼虫期行走如拱桥形,行动不甚活泼,常装成嫩枝状。第一代主要为害豆类,第二代为害棉花,第三代由于气候炎热干燥而发生不太严重,第四代一般在棉田内发生量增加。幼虫主要咬食棉叶,有时为害花蕊,影响结铃。受害严重田块,叶片常被吃光。棉花大豆间作的棉田发生重。

(三)防治方法

1. 农业防治　拔除棉秆后应清除枯枝、枯叶,集中烧毁,可杀灭越冬虫蛹。结合整枝、打杈,摘除下部老叶并带出田外,可杀灭部分幼虫。

2. 生物防治　可用 2 000 IU/毫升苏云金杆菌可湿性粉剂 150 倍液,在卵孵化盛期喷雾。

3. 物理防治　成虫发生期,用频振式杀虫灯诱杀成虫。

4. 化学防治　孵化盛期末至 3 龄盛期,当百株虫量达到 100 头时,用 40%辛硫磷乳油 1 000 倍液,或 2.5%溴氰菊酯乳油 1 500～2 000 倍液,均匀喷雾防治。

十三、玉　米　螟

玉米螟 *Ostrinia furnacalis* Guenee 属鳞翅目螟蛾科。全国各棉区均有分布。该虫最嗜好玉米。在 20 世纪 80～90 年代,随着麦、棉间套作面积的扩大,春玉米面积减少,玉米螟在一些棉区上升为棉花的主要害虫。近 10 年来,随着转基因抗虫棉的大面积推广种植,棉田玉米螟种群发生危害得到有效控制。

（一）形态特征

1. 成虫 雄性个体长 10～14 毫米，翅展 20～26 毫米，黄褐色。前翅底色淡黄，内、外横线锯齿状间有 2 个小褐斑。外缘线与外横线间有 1 条宽大褐色带。环纹为 1 暗褐色斑点，肾纹呈暗褐色短棒状，两斑之间有 1 个黄色斑。后翅淡褐色，中部亦有 2 条横线与前翅的内、外线相接。雌虫较肥大，体长 13～15 毫米，翅展 25～34 毫米，前后翅颜色比雄虫淡，内、外横线及斑纹不明显，后翅黄白色线纹常不明显。

2. 幼虫 初孵幼虫长约 1.5 毫米，头壳黑色，体乳白色，半透明。老熟幼虫体长 25 毫米左右，头壳深棕色，体色淡灰褐色或红褐色，有纵线 3 条，以背线较明显。中、后胸背面各具有 4 个圆形毛瘤，腹部 1～8 节背面各有 2 列横排的毛瘤，前列 4 个，后列 2 个，前大后小。第九腹节具毛瘤 3 个，中央 1 个较大。腹足趾钩上环的缺口很小。

3. 卵 长约 1 毫米，宽约 0.8 毫米。短椭圆形或卵形，扁平，略有光泽，一般 20～60 粒粘在一起，形成不规则的鱼鳞状卵块。初产时为乳白色，后转为黄白色，半透明，临孵化前卵粒中央呈现黑点（为幼虫的头壳），边缘仍为乳白色，称为"黑点卵块"。如果被赤眼蜂寄生，则整个卵块为漆黑色。

4. 蛹 长 15～18 毫米，纺锤形，黄褐色至红褐色。腹部背面 1～7 节有横皱纹，3～7 节具 1 横列褐色小齿，5～6 腹节有腹足遗迹 1 对。臀棘黑褐色，端部有 5～8 根向上弯曲的钩刺，缠连于丝线上，黏附于虫道蛹室内壁。化蛹于寄主茎内，有薄茧。雄蛹瘦小，尾端较尖，生殖孔开口于第九腹节腹面；雌蛹腹部较肥大，尾端较钝圆，生殖孔开口于第八腹节腹面。

(二)生活习性与发生规律

亚洲玉米螟在我国自北向南1年可发生1～7代。以老熟幼虫在寄主植物的秸秆、穗轴、根茬中越冬。北方棉区1年发生2代,老熟幼虫在玉米秸秆内越冬。第一代在6月上中旬发生后,由于春玉米面积小,雌蛾除在春玉米上产卵外,还集中到麦田中产卵,麦子收获后幼虫就大量迁到麦田套种的棉苗上为害。纯作棉花的棉株下部叶也有亚洲玉米螟的卵块,幼虫孵化后直接危害棉株的茎秆和嫩头。

长江流域棉区亚洲玉米螟1年发生3～4代,以老熟幼虫在晚玉米秸或其他寄主的茎秆内越冬,5月上旬化蛹,5月底6月初羽化。第一代幼虫主要为害春玉米,以后各代成虫的盛发期分别为7月中旬、8月上中旬和9月上旬。第二代开始为害棉花。产卵于棉株中下部叶片背面,成虫羽化后第二天进行交尾,产卵前期为2天左右,产卵期5～8天,每雌产卵14～25块、548～610粒。卵期3～5天。初孵幼虫为害棉株时,先在嫩头下或上部叶片的叶柄基部或赘芽处蛀入,使嫩头和叶片凋萎。叶片枯死后幼虫向主茎蛀食,蛀入孔处有蛀屑和虫粪堆积,蛀孔以上的枝叶逐渐枯萎,如遇大风,棉株上部折断,对棉株损伤最大。青铃出现后幼虫转害青铃,常从青铃基部蛀入,蛀孔外有大量潮湿的虫粪,引起棉铃腐烂,造成严重损失。

亚洲玉米螟对不同寄主的趋性有明显差别。心叶期的玉米对成虫产卵有较大的吸引力。因此,在玉米、棉花并存的情况下,玉米心叶期的落卵量明显地高于棉花。在纯棉田不同长势的棉苗表现出不同的受害程度,嫩绿棉苗的受害程度比老健的棉苗重。

玉米螟数量消长与气候有密切关系,其中以雨量和温度的作用最重要。天气干燥,温度太低和雨水过多,湿度太大,都对玉米螟的发生有抑制作用;而温度在25℃～30℃,空气相对湿度在

60%以上时,有利于玉米螟的大发生。

(三)防治方法

1.农业防治 每年3月底前彻底清除棉柴、玉米和高粱秸秆及穗残体,压低越冬虫口基数。

2.生物防治 玉米螟天敌主要有赤眼蜂、长距茧蜂、黑卵蜂、草蛉等,可以通过减少广谱性农药使用,保护利用自然天敌。有条件的地方,可在玉米螟卵始盛期释放赤眼蜂,每667平方米释放10 000头,连放2次。

3.物理防治 成虫发生期,利用频振式杀虫灯进行成虫诱杀。

4.化学防治 卵孵化初期至盛期,用25%灭幼脲悬浮剂600倍液,或40%辛硫磷乳油1 500倍液,或48%毒死蜱乳油1 500倍液喷雾防治,将害虫控制在钻蛀棉株或棉铃前。麦套棉田可在麦收前结合防治蚜虫兼治玉米螟,防止玉米螟转移到棉花上。

十四、棉尖象甲

棉尖象甲 *Phytoscaphus gossypii* Chao 又名棉象鼻虫、棉小灰象甲,属鞘翅目,象甲科。在我国黄河流域、长江流域、西北内陆以及东北特早熟棉区均有分布。该虫除为害棉花外,还为害茄子、豆类、玉米、甘薯、谷子、大麻、高粱、小麦、水稻、花生、牧草、桃树和杨树等33科85种植物。

(一)形态特征

1.成虫 体长4.1~5毫米。雄虫较瘦小,腹板中间略凹;雌虫较肥大。虫体及翅鞘黄褐色,两侧及腹面黄绿色,有金属光泽。

喙长为宽的 2 倍,触角膝状弯曲,柄节细长,短于梗节和鞭节之和,棒节长卵形,触角窝内侧的突起小而钝。前胸背板略呈梯形,有 3 条褐色纵纹。翅鞘上有明显的纵沟,行间散布半直立的毛,鞘翅上有不规则的褐色云斑。后足腿节内侧有一刺状突起。

2. 卵 椭圆形,长约 0.7 毫米,淡黄色,具光泽,孵化时呈淡红色。

3. 幼虫 体长 4～6 毫米,头及前胸背板黄褐色,体黄白色。整个虫体向后端渐细,末节略呈管状突起。围绕肛门后方有 5 片骨化瓣,中间的较大,骨化瓣间各有 1 根刺毛,中间的两根刺毛长。

4. 蛹 为裸蛹,长 4～5 毫米。翅紧贴于腹背面,后翅边缘外露与后足平齐,伸达腹部末端。腹部末端有 2 根较粗的尾刺。初化蛹时体乳白色,翅向两侧伸出;近羽化时头、足变黄,翅变灰,复眼变黑。根据蛹发育期的颜色变化情况,可分为 7 级。

(二)生活习性与发生规律

棉尖象甲在南北棉区均 1 年发生 1 代,大多以幼虫在玉米、大豆根部的土壤中越冬。北方棉区越冬幼虫在 5 月下旬至 6 月初化蛹,6 月上中旬羽化出土,为害棉花,盛期为 6 月底至 7 月上旬,以后转移到玉米、谷子田中。

卵孵化后,幼虫在土中以作物嫩根和土中腐殖质为食,秋季下移越冬。只有成虫为害棉花嫩苗,一株上多则可群聚十几头甚至数十头。成虫啃食棉叶,造成孔洞或缺刻;咬食嫩头,造成断头棉;为害幼蕾和苞叶,严重时可造成大量脱落,对产量有明显影响。

成虫喜在发育早、现蕾多的棉田为害。具避光、假死和群迁习性。还喜欢群聚于草堆和杨树枝把里面。温度高、湿度大时,幼虫化蛹和成虫羽化相应提前。棉花的前茬为玉米或黄豆时虫量大,受害重。

(三)防治方法

1. 农业防治 利用棉尖象甲的假死性,在黄昏时一手持盆置于棉株下方,一手摇动棉株,使棉尖象甲落入盆中,予以集中杀灭。

2. 化学防治 当棉花百株虫量达 30～50 头时,选用 40％辛硫磷乳油 1 000 倍液,或 0.5％甲氨基阿维菌素苯甲酸盐微乳剂 2 000 倍液喷雾,或用 40％乙酰甲胺磷乳油按药土 1 ：150 的比例,配成毒土,每 667 平方米撒毒土 30 千克。虫量大的田块,成虫出土期在田间挖 10 厘米深的坑,坑中撒施毒土,上面覆盖青草诱集该虫,翌日清晨予以集中杀灭。

十五、鼎点金刚钻

我国棉田金刚钻种类很多,有鼎点金刚钻 (*Earias cupreoviridis* Walker)、翠纹金刚钻和埃及金刚钻,以及柳金刚钻、一点金刚钻等近缘种。金刚钻主要在长江流域棉区发生,尤以鼎点金刚钻危害较重,除新疆棉区外,全国各棉区均有分布,长江、黄河流域棉区发生最为普遍,危害最重。除为害棉花外,还为害蜀葵、冬苋菜、锦葵、白麻、木槿、向日葵、芙蓉、苘麻、蒲公英、玄参及木棉等。抗虫棉对金钢钻有很好的杀虫效果,其发生危害已得到了全面控制。

(一)形态特征

1. 成虫 体长 8～10 毫米,翅展 18～23 毫米。头青白色或青黄色,触角褐色,下唇须红褐色,足灰褐色或带白色,前、中足的跗节、胫节深褐或粉红色,腹部白色间有褐色。前翅桨状,大部绿色或黄绿色;前缘从基部至中部为红褐色,后部为橘黄色;外缘有

2 条波状纹,外纹暗褐色而宽,内纹橙黄色;中室处黄褐色,上有 2 个深褐色小点,前缘与中室之间也有一个褐色小点,这 3 个小斑点呈鼎足状分布,为鼎点金刚钻重要识别特征。后翅三角形,银白色,微透明,外缘附近及顶角后方略呈浅褐色。

2. 卵 鱼篓状,顶有指状突起,表面有纵棱 25～32 条,分长短两种,底部平,直径为 0.4 毫米,高 0.32 毫米。初产卵呈淡绿色,有光泽,近孵时为棕黑色。

3. 幼虫 粗短,通体浅灰绿色间有黄斑,老熟幼虫体长 10～15 毫米,宽约 4 毫米,中部略肥大而呈纺锤形。头部黄褐色,有不规则褐斑,颅侧区上部有几个黑色突起,额片 1/3 处褐色,其余黄褐色。腹部第二至第十二节各有 6 个发达的毛突,尖端各生一黄褐色刚毛;毛突横向排列,背面 2 个最大,色泽不一,第三至第五节为黑色,其余灰白色;在背面两个毛突之间,每节有 6 个黑点,其余毛突之间各有 1 个橙色或黑色点。背线褐色,亚背线与气门线不明显。前胸盾板及臀板黑褐色。唇基乳白色,下方微暗。

4. 蛹 粗短,长 7.5～9.5 毫米,宽 4 毫米,初为绿色,后腹面黄色,背中央黄褐色。背面中央有粗糙网纹。腹部第五节两侧有 2～3 排小突刺,腹末节较圆,肛门侧面有角状突起 3～4 个。

(二)生活习性与发生规律

鼎点金刚钻在黄河流域棉区 1 年发生 2～4 代,长江流域棉区 1 年发生 5～6 代,华南棉区 1 年发生 7～8 代。以蛹在土中越冬。该虫在黄河流域棉区每年有 3～4 个高峰期,分别在 6 月上旬、7 月上旬、8 月上旬和 9 月上旬为害,其中尤以 7～8 月份为害较重。

成虫昼伏夜出,有趋光性。黄昏时开始活动,取食胡萝卜、向日葵、葱、玉米雄穗等处的花蜜并交尾,翌日 2～5 时活动最盛。成虫主要产卵于棉株顶部嫩叶上(蕾期)以及顶心、果枝顶端(花铃期),产卵历期一般 3～9 天。

幼虫一般 5 个龄期,每个龄期 2～3 天。初孵幼虫主要取食棉花嫩头、嫩叶,稍大即蛀食花、蕾和幼铃。幼虫可吐丝下垂,转移为害,尤以 3 龄前转移频繁,取食量虽少,但破坏性很大。3 龄以后的活动范围较小,食量大,但破坏性反而小。幼虫老熟后,有爬行选择化蛹场所的习性。在棉株上为害的幼虫,老熟后多选择蕾、铃、苞叶内化蛹,也有少数在棉叶背面和烂铃缝隙间化蛹。

幼虫一生可为害 20 多个花蕾。幼铃被害后虽不脱落,但因纤维被害而降低了产量和品质,且许多病菌易从蛀孔侵入,造成烂铃。金刚钻的蛀孔多位于蕾铃基部,一般要比红铃虫的蛀孔大,又比棉铃虫、玉米螟的蛀孔小,在蛀孔的四周堆集有黑色虫粪,这是识别其危害的主要特征。

雨水均匀,雨量适中,对鼎点金刚钻发生有利;大雨则对成虫产卵和初孵幼虫生存不利。发育最适温度为 25℃～27℃,空气相对湿度在 80％以上。早播、早发或贪青晚熟的棉田,常常危害重。

(三)防治方法

1. 农业防治 冬季清除棉秆、落叶和落铃,消灭越冬蛹。及时打顶、抹赘芽、去无效花蕾,可直接消灭部分卵和低龄幼虫。结合根外追肥,喷施 1％～2％过磷酸钙浸出液,具有驱避作用,可减少田间落卵量。利用成虫喜在锦葵、蜀葵上产卵的习性,在棉田周边种植诱集植物,引诱成虫产卵后予以集中杀灭。

2. 物理防治 在成虫高峰期,利用频振式杀虫灯或杨树枝把诱杀成虫。

3. 化学防治 当百株棉花有卵 20 粒,或棉花嫩头受害率达 3％时,每 667 平方米用 40％辛硫磷乳油、或 48％毒死蜱乳油、或 0.3％苦参碱水剂 1 000 倍液喷雾,或每 667 平方米用 80％敌敌畏乳油 80 毫升,对水 2 升,拌细土 20 千克,于傍晚撒在已封行的棉田中,毒杀该虫。

十六、地 老 虎

为害棉花的有小地老虎 *Agrotis ypsilon*（Rottermberg）、黄地老虎 *Agrotis segetum*（Schiffermiiller）、大地老虎 *Agrotis tokionis*（Butler）。危害较重的是小地老虎和黄地老虎。小地老虎分布在全国各棉区，但西北内陆棉区不在棉田内为害；黄地老虎主要分布在西北内陆棉区和黄河流域棉区。大地老虎常与小地老虎混合发生。地老虎的食性很杂，为害粮、棉、油菜、薯类、蔬菜、烟草及各种杂草。

（一）形态特征

1. 小地老虎

（1）成虫　体长 16～23 毫米，翅展 42～54 毫米，身体灰褐色，上有黑色斑纹。触角深黄褐色，雌蛾的为丝状，雄蛾的为篦状，端部半为丝状。前翅深灰褐色，内横线与外横线均弯曲呈"之"字形，中室端有黑色肾形纹，肾形纹凹面向外并紧连 1 个明显的长三角形黑斑，三角形黑斑尖端向外与由前缘向内指的两个较小的长三角形黑斑相对。后翅灰白色，翅脉褐色，近翅缘黑褐色。

（2）卵　半球形，约 0.5 毫米大小，有很多纵纹和横纹。初产卵为淡黄色，孵化前呈灰褐色。

（3）幼虫　初孵幼虫浅褐色，取食后体色转绿，入土后又转为灰褐色。三龄幼虫体长 8～12 毫米，老熟幼虫 37～47 毫米，头部褐色，有不规则黑褐色网纹，在放大镜下可看到幼虫身体表面密布黑色圆形小突起。臀板黄褐色，有深褐色纵纹两条。

（4）蛹　长 18～24 毫米，宽 8～9 毫米，赤褐色，腹部第四至第七节背板前端各有 1 列黑条，尾端黑色，有刺 2 根。

2. 黄地老虎

（1）成虫　体长 14～19 毫米，翅展 32～43 毫米。触角，雌蛾的丝状，雄蛾的篦状，端部 1/3 为丝状。前翅黄褐色，各有 1 个明显的黑褐色肾形斑纹和环形斑纹。后翅白色，前缘略带黄褐色。

（2）卵　淡黄褐色，上有淡红晕斑，孵化前变为黑色，形状和小地老虎的相似。

（3）幼虫　老熟幼虫体长 33～45 毫米。头宽 2.8～3 毫米，头部深黑褐色，有不规则深褐色网纹。身体表面多皱纹，臀板有两大块黄褐色斑纹，中央断开，有较多的分散的小黑点。

（4）蛹　体长 16～19 毫米，红褐色，腹部末端有粗刺 1 对，第五至第七腹节背面中央有许多小刻点。

3. 大地老虎

（1）成虫　体长 25～30 毫米，翅展 52～62 毫米，前翅前缘棕黑色，其余部分灰褐色，有棕黑色的肾状纹和环形纹。

（2）卵　与小地老虎的相似。

（3）幼虫　老龄幼虫体长 41～60 毫米，体宽 8～9 毫米，黄褐色，体表多皱纹，臀板深褐色，满布龟裂状纹。

（4）蛹　腹部末端有 1 对刺，第四腹节背面的刻点明显，第五至第七腹节背面及侧面前缘的刻点较大，较稀，较浅。

（二）生活习性与发生规律

小地老虎在黄河流域棉区 1 年发生 3～4 代，长江流域棉区 1 年发生 4～6 代。以幼虫或蛹越冬，在 1 月份平均气温 0℃地区不能越冬。在黄河流域棉区北部即不能越冬，早春虫源是从南方远距离迁飞来的。卵产在土块、地表缝隙、土表的枯草茎和根须上，以及棉苗和杂草叶片的背面。1 代卵孵化盛期在 4 月中旬，4 月下旬至 5 月上旬为幼虫盛发期，阴凉潮湿、杂草多、湿度大的棉田虫量多，危害重。

黄地老虎在西北内陆棉区 1 年发生 2～3 代,黄河流域棉区 1 年发生 3～4 代,以老熟幼虫在土中越冬,翌年 3～4 月份化蛹,4～5 月份羽化,成虫发生期比小地老虎晚 20～30 天,5 月中旬进入 1 代卵孵化盛期,5 月中下旬至 6 月中旬进入幼虫危害盛期。黄地老虎只有第一代幼虫危害棉苗。一般在土壤黏重、地势低洼和杂草多的棉田发生较重。

大地老虎在我国 1 年发生 1 代,以幼虫在土中越冬,翌年 3～4 月份出土为害,4～5 月份进入危害盛期,9 月中旬后化蛹羽化,在土表和杂草上产卵,幼虫孵化后在杂草上生活一段时间,然后越冬,其他习性与小地老虎相似。

地老虎卵多散产,产卵量一般较大,可达千粒以上。初孵幼虫一般较活跃,孵化后常取食卵壳,并能立即取食植物嫩叶,啃食叶肉留下表皮,形成天窗式被害状。龄期稍大的可咬成小洞和缺口,还可为害棉花嫩头生长点,形成"多头棉"。大龄幼虫可咬断主茎,形成缺苗断垄,严重时造成成片缺苗。幼虫白天潜伏在棉苗附近表土下,夜间出来为害。老熟幼虫一般在土中做土室化蛹。成虫有较强的趋光性和趋蜜糖习性。一般低洼地、黏壤土和杂草多的地块发生重。

(三)防治方法

1. 农业防治　播种前清除田内外杂草,将杂草沤肥或烧毁。或在田埂上铲埂除蛹。在有苗期浇水习惯的地区,可结合苗期浇水淹杀部分幼虫。

2. 生物防治　天敌对地老虎的发生有明显的抑制作用,已知的捕食性天敌有中华广肩步甲,寄生性天敌有甘蓝夜蛾拟瘦姬蜂、夜蛾瘦姬蜂、螟蛉绒茧蜂及寄生蝇、寄生菌等,应注意保护和利用。

3. 物理防治　成虫发生期用频振式杀虫灯、黑光灯、杨树枝把、新鲜的桐树叶和糖醋液(糖∶醋∶酒∶水＝6∶3∶1∶10)等方法,诱杀地老虎成虫。

4. 化学防治 地老虎幼虫发生期,用 90％敌百虫晶体 100 克,对水 1 升混匀后,喷拌在 5 千克炒香的麦麸,或砸碎炒香的棉籽饼上或铡碎的青鲜草上,配制成毒饵,在傍晚顺垄撒施在棉苗附近,可诱杀幼虫。

防治适期和防治指标可根据当地具体情况,分别按照田间卵孵化率为 80％左右、幼虫二龄盛期或棉田平均每平方米有虫或卵 0.5 头(粒)、新被害株 5％左右、或百株有虫 2～3 头,作为防治指标。防治地老虎的关键是掌握在三龄幼虫以前,因为此时幼虫昼夜在地面以上活动,食量小,对药剂敏感;三龄后幼虫昼伏夜出,食量增大,抗药力增强。推荐在低龄幼虫发生期,用 90％敌百虫晶体 1 000 倍液,或 40％辛硫磷乳油 1 500 倍液,20％氰戊菊酯乳油 1 500～2 000 倍液,喷雾防治,注意辛硫磷浓度不能低于 1 000 倍,以免产生药害。

十七、蜗 牛

为害棉田的蜗牛,主要有同型巴蜗牛 *Bradybaena similaris* Ferussac 和灰巴蜗牛 *Bradybaena ravida*(Benson),属软体动物门,腹足纲,巴蜗牛科。灰巴蜗牛除西北内陆棉区外,其他各棉区均有分布,同型巴蜗牛主要分布于华东、华中、西南、西北等棉区,尤以沿江、沿海发生量大。蜗牛为长江中下游、江淮和黄淮棉区偶发性软体动物,除为害棉花外,还为害豆科、十字花科、茄科、瓜类作物及草莓等。

(一)形态特征

1. 卵 圆球形,白色有光泽,直径为 1～1.5 毫米。卵粒间有胶状物粘接,形成 10～40 粒卵堆。卵壳坚硬。

2. 成螺　休息时身体藏在螺壳内,壳高约 20 毫米,宽约 21 毫米,口径约 13 毫米。表面螺旋形的条纹将螺壳分成 5 层半,各层螺纹按顺时针方向排列,壳顶圆而小,下几层宽度骤增,最下一层占整个壳面的 2/3 以上。壳呈黄褐色,顶及近顶两层呈淡黄色,有光泽。口部呈“D”字形,外唇微内倾,边缘不厚,内层底部外翻,遮盖住脐孔的大部。壳内肉体柔。爬行时体长为 30～36 毫米,背面褐色,有网纹,腹面浅黄褐色。头部前下方为口器,口器的上方生有深褐色长触角 1 对,下方生有短触角 1 对。眼长在长触角的顶端,短触角为嗅觉器官,蜗牛爬行时分泌一种黏液,爬过的地方留有一道白色发亮的爬痕。

3. 幼螺　形似成螺,初孵幼螺壳薄,半透明,淡黄色,从外面可隐约看到壳内肉体。肉体乳白色,带有不显色的斑纹。触角深蓝色。壳顶及第一层并不高起,壳的直径约 1.8 毫米,宽约 1.3 毫米。

(二)生活习性与发生规律

蜗牛 1 年发生 1～1.5 代,在 4～5 月份和 9～10 月份有 2 个产卵高峰。卵多产在植株根部附近疏松、湿润的土中或枯叶、石块下。1 个成贝可产卵 30～235 粒,一般 10～40 粒粘集在一起形成卵堆,卵暴露在空气或阳光下很快爆裂。蜗牛昼伏夜出,喜阴湿,春夏季多雨天气有利于其发生,雨天活动增加,可昼夜为害。夏季高温干旱或遇不利天气时,分泌黏液形成蜡状膜封口越夏,当温度下降、干旱季节过后,又恢复活动,取食产卵,气温降至 10℃ 时入土越冬。

蜗牛 5～6 月份主要为害棉苗,9～10 月份主要为害蔬菜、大豆等作物。以成贝和幼贝为害棉花嫩叶、茎、花、蕾、铃,用齿舌和鄂片刮锉,形成不整齐的缺刻或孔洞;初孵幼螺只取食叶肉,留下表皮。棉花子叶期受害最重,苗期咬断幼苗造成缺苗断垄,真叶期可吃光叶片,现蕾期将棉叶嫩头咬破,受害株生长发育推迟。蜗牛可分泌白色有光泽的黏液,食痕部易受细菌侵染,粪便和分泌黏液还可产生霉菌,附着在爬行痕上,影响棉苗生长。

靠近河、沟、渠,耕作粗放、地势低洼潮湿和排水不畅以及连作,与绿肥、蚕豆、油菜套种的棉田发生严重。蜗牛猖獗的年份多是由于土壤湿润、苗期多雨、上年虫口基数大、绿肥蔬菜等连作造成。干旱年份发生轻。

(三)防治方法

1. 农业防治 在 4~5 月份蜗牛产卵高峰期,中耕翻土,使部分卵暴露在土表爆裂,也可杀死部分成、幼贝。高湿和低洼田块清沟排渍,降低棉田湿度,抑制蜗牛繁殖。5 月上中旬,在重发地块设置瓦块、菜叶、杂草或树枝把诱捕蜗牛。清晨、傍晚和阴雨天人工捕捉,也可放鸭啄食。

2. 化学防治 在 5 月上中旬幼贝盛发期和多雨年份的 6~8 月份,当成、幼贝密度达到每平方米 3~5 头,或棉苗被害率达 5% 左右时,用 6% 四聚乙醛(密达)颗粒剂或 6% 甲萘·四聚(除蜗灵)毒饵距棉株 30~40 厘米处顺行撒施诱杀,也可每 667 平方米用 90% 敌百虫晶体 250 克与炒香的棉籽饼粉 5 千克拌成毒饵,于傍晚撒施在棉田中诱杀。

十八、蝼　蛄

我国主要有华北蝼蛄 *Gryllotalpa unisping* Saussure、东方蝼蛄 *Gryllotalpa orientallis* Burmeister 两种。华北蝼蛄主要发生于华北、西北、辽宁、内蒙古等地。东方蝼蛄全国各地均有发生,以黄河以南密度大,在长江以北与华北蝼蛄混合发生。蝼蛄为杂食性地下害虫,能为害多种作物和蔬菜的幼苗。

(一)形态特征

1. 华北蝼蛄

(1)成虫 雄成虫体长为 39～45 毫米,头宽约 5.5 毫米;雌成虫体长约 45 毫米,头宽 9 毫米。体色为黄褐色或黑褐色,头部暗褐色,着生有黄褐色细毛。前胸背板中央有一暗红褐色斑点,前翅长约 14 毫米,平叠背上;后翅纵卷成筒状,附于前翅之下。足黄褐色,密生细毛,前足特别发达,适宜在土中开掘潜行,后足胫节背侧内缘有棘 1 个或消失。

(2)卵 椭圆形,初产出时黄色,长 1.7～1.8 毫米,宽 1.3～1.4 毫米。

(3)若虫 形态与成虫相仿,前后翅不发达。初孵时乳白色,只有复眼为淡红色,以后头部变为淡黑色,前胸背板黄白色;二龄以后身体变为黄褐色;五至六龄后即与成虫同色。

2. 东方蝼蛄

(1)成虫 形态与华北蝼蛄相仿,但体躯短小,体长 29～31 毫米,体淡黄褐色,密生细毛,后足胫节背面内缘有棘 3～4 个。

(2)卵 椭圆形,初产时为乳白色,以后变为暗褐色。

(3)若虫 初孵化时乳白色,复眼淡红色,以后体色逐渐加深,老熟若虫体长 25 毫米。若虫龄期共 8～9 龄。

(二)生活习性与发生规律

华北蝼蛄生活史较长,需 3 年完成 1 代。以成虫或若虫在土内越冬,越冬深度在冻土层以下,地下水位以上,一般可达 1～1.6 米。越冬时每洞有虫 1 头,头朝下。黄淮棉区 3～4 月间,20 厘米深处地温达 8℃时开始活动,以后上升到表土层活动为害。活动时在地表留有长约 10 厘米的隧道。6、7 月份是蝼蛄产卵盛期,华北蝼蛄卵多产在轻盐碱地内,集中在缺苗断垄、干燥向阳、靠近地埂、畦堰附近产卵。1 年产卵 3～7 次,产于 15～20 厘米深处卵室中,每头雌虫产卵 80～809 粒,平均 417 粒。卵期为 10～25 天。孵化为若虫后,生长到 10～11 月间,大约 8～9 龄,即开始越冬。翌年,以 12～13 龄若虫越冬。第三年 8 月间,若虫老熟,蜕最后 1 次皮,蜕变为成虫,并以成虫越冬,越冬成虫至第四年 6 月份产卵。

东方蝼蛄在黄淮棉区约 2 年完成 1 代,在长江以南棉区 1 年完成 1 代。以成虫和若虫在土内越冬,越冬深度及习性与华北蝼蛄相同。东方蝼蛄在洞顶拥起一堆虚土或较短的虚土隧道,4～5月间蝼蛄活动进入盛期,此时地面出现大量隧道,当大部分隧道上有 1 个孔眼时,表明蝼蛄已迁移为害。东方蝼蛄产卵习性与华北蝼蛄相近,但更趋潮湿地区,多集中在沿河、池塘和沟渠附近地块产卵。产卵期长达 120 余天,卵期 15～28 天,若虫期 400 余天。在黄淮棉区,当年孵化的若虫,经过一个冬季后,多数于翌年夏、秋季羽化为成虫,少数当年即可产卵,但大部分再次越冬至第三年5～6 月份产卵,成虫于 8～9 月间死亡,寿命长达 8～12 个月。若虫共 8～9 龄,第一年以 4～7 龄越冬,翌年春、夏季再蜕皮 2～4次,羽化为成虫。

两种蝼蛄的活动都与土壤关系密切。一般土壤温度在 8℃ 以上开始活动,土壤干旱,蝼蛄活动就差,作物受害也轻,土壤湿度适宜,有利于蝼蛄活动,作物受害就重。土壤含水量一般以 22%～27% 最适宜华北蝼蛄活动。5～8 月份土壤湿度较大,有利于卵的孵化和成活。蝼蛄的活动期一般为 4～10 月份,主要为害在播种期和幼苗期,食性杂,为害棉苗、麦类、玉米、高粱、谷子等。蝼蛄一般在夜晚活动为害,气温低于 15℃,则白天活动。在降雨或浇水后活动最盛。成虫有趋光性。在夏秋之际,当气温在 18℃～22℃时,风速小于 1.5 米/秒,可诱到大量蝼蛄。

蝼蛄的发生与环境条件极为密切,多发生于平原轻盐碱地以及沿河、临海、近湖等低湿地区。特别是土质为砂壤土或粉砂壤土、质地松软、多腐殖质的地区,最适宜蝼蛄的生活和繁殖。

(三)防治方法

1. 农业防治 不施用未经腐熟的有机肥料,防止招引地下害虫蝼蛄产卵;及时中耕、除草和镇压,适当调整播种期等,以减少蝼蛄的危害。

2. 化学防治 用90％敌百虫可湿性粉剂 0.5 千克,对水 10升,均匀拌棉籽饼或麦麸 50 千克,制成毒饵于傍晚撒于棉田中,每667平方米撒 4～5 千克,每隔 2 米撒一小堆。

十九、蛴 螬

蛴螬是金龟子的幼虫。棉田常见的金龟子有大黑金龟子 *Holotrichia diomophalia* Bates、黑绒金龟子 *Serlca orientalis* Matsch、大绿金龟子 *Anomala cuprea* Hope 等。金龟子食性杂,能取食为害粮、棉、麻、果树、蔬菜等多种作物。

(一)形态特征

1. 大黑金龟子 成虫体长 16～21 毫米,体色黑褐色,有光泽。鞘翅有隆起纵纹数条,散布刻点。胸部密生黄色长毛,腹部褐色。

2. 黑绒金龟子 成虫体长 7.6 毫米,褐色、黑褐色或紫褐色,有黑灰色绒毛。鞘翅有多数隆起纵纹,有细点,侧缘有 1 列刺毛。腹面黑褐色,有黄白色短毛。

3. 大绿金龟子 成虫体长 20～24 毫米,体色浓绿色,有光泽。鞘翅密布刻点,纵行沟纹不显著。胸部及腹面赤铜色,有闪光。

(二)生活习性与发生规律

1. 大黑金龟子 以成虫在土中越冬,在河南、湖北 1 年发生 1 代。幼虫在 5 月间为害棉苗根部,严重时造成缺苗。成虫 5～7 月份发生,昼伏夜出,为害棉苗,但不严重。成虫有趋光性和假死性,夜间 8～9 时交尾,雌成虫产卵于隐蔽、松软而湿润的土壤中,卵散产或成堆产在 10～15 厘米深的土内,每头雌成虫平均可产卵 193 粒。初孵幼虫以腐殖质为食,长大后啃食幼苗嫩根和幼芽。越冬幼虫可随着土壤温度的变化在土中上下移动,最适地温为 13℃～18℃,土表中这种温度大都出现在 4～5 月份和 9 月份,所以幼虫在 5 月间为害棉苗最重。在水浇地、砂壤土、低湿地段以及前茬作物为大豆的地段受害较重。

2. 黑绒金龟子的习性、发生与危害 成虫为害棉苗,幼虫为害棉根。以成虫在土中越冬。在东北 1 年发生 1 代。成虫傍晚出土交尾最盛,有趋光性和假死性。夜间为害。单雌产卵 131 粒,产卵成块,每块 20～30 粒。地温 22℃～25℃最适宜于幼虫活动。近年华北地区棉田发生严重,常造成棉苗生长点被害或棉叶破损。

3. 大绿金龟子的习性、发生危害 1 年发生 1 代,以幼虫在土下越冬。成虫出现盛期各地不同,山西为 7 月上旬,河南、河北为 6 月上旬至 7 月上旬,江苏在 6 月中旬。成虫有趋光性和假死性,平均寿命为 28.1 天。单雌产卵量平均为 29.5 粒,喜产卵于豆地及花生地,深度在土下 6～16.5 厘米。卵期 9.2 天,卵孵化率平均为 78.3%。食性杂,寄主有多种农作物、果树、林木。成虫为害棉叶,幼虫为害棉苗根部。

(三)防治方法

1. 物理防治 利用金龟子的趋光性,用黑光灯或频振式杀虫灯诱杀成虫;利用其假死性进行人工捕捉;犁地时捡杀蛴螬。

2. 化学防治 成虫发生期选用内吸性有机磷农药,如50%辛硫磷乳油或40%丙溴磷乳油1 000～1 500倍液,进行喷雾防治。

二十、蛞蝓

蛞蝓 *Agriolimax agrestis* (L.)是一种雌雄同体、异体受精的软体动物。食性杂。长江流域棉区、黄河流域棉区均有分布。

(一)形态特征

1. 成体 体长20～25毫米,爬行时体长可达30～36毫米,体宽4～6毫米。体柔软裸露,无外壳,灰褐色,有不明显的暗带或斑点。头部有2对触角,暗黑色。第一对在头部前下方,较短,具感触作用,称前触角。第二对在它的上后方,细长,顶端有黑色的眼,称后触角。前触角下方的中间是口。背部中段略前方有一外套膜,它是由体壁的一部分褶皱伸张而成的膜状物,具有保护头部和内脏的作用,其边缘卷起,内有1块卵圆形透明的薄内壳。呼吸孔以小细带环绕。体背及腹面有很多的腺体,能分泌无色黏液,生殖孔在前触角右后方约2毫米处。

2. 幼体 初孵幼体体长2～2.5毫米,宽1毫米,淡褐色,外套膜下后方的内壳隐约可见。初孵幼体一般在土下1～2天不大活动,3天左右爬出地面取食,1周后体长即可长到3毫米左右,2个月后体长可达10毫米、体宽约2毫米,一般5个月左右发育成为成体。

（二）生活习性与发生规律

野蛞蝓以成体或幼体在棉田作物及其他春季作物根部、河沟边的草丛中越冬。在南方地区冬季温暖的地方，可不经过越冬阶段。翌年3月份越冬虫开始活动，在早春作物上取食嫩叶。活动高峰期每年有2次，即4月中旬至6月中旬和10月上旬至11中旬。喜在夜间活动为害，黄昏后陆续从土下或作物根部爬出寻食、交尾，至翌日晨2～5时活动达到高峰。4月底和5月上旬正是麦棉间套作田的棉苗初期和小麦灌浆期，夜间该虫一部分为害棉苗嫩叶，一部分沿麦秆上行取食麦粒内的嫩浆。5月中下旬对棉苗危害大，严重时可造成缺苗断垄。7～8月间高温、干旱季节，潜伏在潮湿处越夏。9月中旬以后，再次活动为害，但以取食秋作物和蔬菜为主。11月中旬后逐渐进入越冬期。发育最适温度为10℃～20℃，空气相对湿度为80％～90％。生性畏光怕热，常生活在农田阴暗潮湿、多腐殖质的地方。雨水多的年份，低洼棉田、套种绿肥、豆类、蔬菜的连作棉田，发生危害重。

（三）防治方法

1. 农业防治 种植棉花前，彻底清除田间及周边杂草，耕翻晒地，恶化它的栖息场所。种植后及时铲除田间、地边杂草，清除野蛞蝓的孳生场所。采用地膜覆盖，可明显减轻蛞蝓的危害。

2. 物理防治 在沟边、苗床或作物田间，于傍晚撒石灰带，每667平方米用生石灰7～7.5千克，阻止蛞蝓到墙面为害叶片。于傍晚撒菜叶作诱饵，翌晨揭开菜叶捕杀。

3. 化学防治 种子发芽时或苗期，在雨后或傍晚，每667平方米用6％密达杀螺颗粒剂0.5～0.6千克，拌细沙5～10千克，均匀撒施。若蛞蝓危害面积不大，可用200倍盐水喷于叶面或根系附近防治；危害严重的地块可用灭蛭灵900倍液喷雾防治。

第四章　棉花病虫害综合防治技术体系

20世纪70年代,我国提出了"预防为主,综合防治"的植保工作方针,改变过去只重视单虫单病的化学防治在防治对象和防治方法上进行综合。数十年来,我国在棉花病虫害发生规律、防控技术方面开展了系统的攻关研究,形成了分别适用于不同生态区的、按照棉花生长发育阶段安排的病虫害综合防治技术体系。

一、综合防治技术规程

(一)黄河流域棉区

1. 播种至出苗期　主要防治对象是苗蚜、苗病以及一些病虫害的越冬或早春虫源。

(1)农业防治　选择种植通过审定的抗虫棉品种,优选兼具优异抗病性的品种。

秋耕冬灌,清除枯、黄萎病的病株残体,降低病虫害越冬基数。清除田埂杂草,降低棉盲蝽等早春虫源基数。棉花枯、黄萎病严重发生的田块,应改种小麦、玉米等禾本科作物3年以上,有条件的地区,实行水旱轮作2年,可收到良好的防病效果。轻病田块应多施有机肥及磷、钾肥,改善土壤中的微生物环境,压低土壤中的病菌数量。

集中连片棉田在棉行间插播少量春玉米、芹菜、萝卜等作物,播期根据作物的生育期进行推算,使开花期与棉铃虫产卵盛期相吻合,可诱集棉铃虫成虫栖息、产卵,便于集中消灭。在田埂插播绿豆、蓖麻等植物,诱集棉盲蝽成虫迁入,减少入侵虫源。

适时播种,培育壮苗。当土壤 5 厘米深地温稳定在 14℃ 时为适宜播期,一般播种深度以 4～5 厘米为宜,播种过早易发生立枯病。

(2)生物防治 实行麦棉、豆棉、瓜棉,棉蒜等间作套种,用以保护天敌,充分发挥天敌的作用,减轻棉蚜、棉叶螨、棉铃虫等害虫的危害。

(3)化学防治 用 2.5％咯菌腈悬浮种衣剂 10 毫升对水 100 毫升,搅拌均匀后拌棉种 10 千克,对棉花苗病有良好的预防作用。在枯、黄萎病新发生区,应对棉种进行硫酸脱绒处理,然后用 50％ 多菌灵胶悬剂 0.4～0.5 千克对水 50 升,在常温下浸泡棉种 20 千克,12～14 小时后捞出,晾至种芽发白后播种,可控制炭疽病、立枯病等苗期病害。用 10％吡虫啉可湿性粉剂 500～600 克拌棉种 100 千克防治苗蚜。建议最好采用商业化的包衣棉种,既可以保证棉种质量,又可以有效地防止苗期病虫害的发生。

2. 苗期 防治的重点是苗蚜、苗病和地老虎等。

1. **农业防治** 及时中耕松土,破坏土壤板结层,不但可以提高地温,减轻苗病,还可以清除杂草,消灭部分地老虎的卵和初孵幼虫。利用绿豆等诱集并且杀灭进入棉田的棉盲蝽。适时播种,净土育苗,培育健苗、壮苗移栽,以提高植株的抗病性。

2. **生物防治** 当田间天敌与蚜虫种群量比大于 1：120 时,不需进行化学防治,可充分发挥天敌的自然控害作用。

3. **化学防治** 当有蚜株率达到 30％或卷叶株率达到 5％时,用 10％吡虫啉可湿性粉剂或 3％啶虫脒乳油等药剂喷雾,或用氯·辛乳油涂茎消灭蚜虫,还可兼治棉蓟马、棉叶螨、棉盲蝽等害虫。

棉苗出土后,如遇到低温多雨年份,易受到轮纹斑病和褐斑病等苗期叶病的侵害，应提早喷药保护，防止苗病流行。

采用撒毒土的办法防治地老虎低龄幼虫。龄期较大时，用90％敌百虫晶体喷拌麦麸或棉籽饼，制成毒饵，于傍晚顺垄撒施，毒杀地老虎幼虫。

3. 蕾铃至吐絮期　防治重点是棉盲蝽、棉铃虫、棉叶螨、伏蚜、枯萎病、黄萎病和铃期病害等。

（1）农业防治　加强水肥管理，培育健壮植株，提高抗逆能力。麦收后（6 月 10 日前）及时浅耕灭茬，消灭一代棉铃虫蛹，压低二代基数。结合整枝、打杈，人工抹除棉铃虫卵，捕捉老龄幼虫，把疯杈、顶尖、边心及无效花蕾、烂铃等带出田外集中处理，降低田间卵和幼虫量。棉花生长后期，要及时推枝并垄，去除老叶及空枝，以利于通风透光，减轻病害流行。利用玉米、绿豆、蓖麻等间作作物诱杀棉铃虫、棉盲蝽。

（2）物理防治　安设频振式杀虫灯可大量诱杀棉盲蝽、棉铃虫、地老虎、金龟子和金刚钻等多种害虫，单灯控制面积为 2～3.33 公顷，连片规模安装诱杀效果更好。2、3 代棉铃虫成虫羽化期，在棉田内插萎蔫的杨树枝把，每 667 平方米插 10～15 把，诱集棉铃虫成虫于其中，然后集中予以消灭。

（3）生物防治　选择高效、低毒、选择性强的药剂品种，严格按防治指标用药，尽量减少化学农药对天敌的杀伤，充分发挥天敌的自然控害作用。

从 2 代棉铃虫卵始盛期开始，每代棉铃虫发生期人工释放赤眼蜂 3 次，间隔时间为 57 天，每 667 平方米每次放蜂量为1.2 万～1.4 万头，均匀放置 5～8 点。具体方法：赤眼蜂开始羽化时（约 5％的柞蚕卵上出现羽化孔），将蜂卡撕成小块，用中部棉叶反卷包住蜂卡，附着在其他叶片的背面，避免阳光直射，在早晨或傍晚释放，可减少田间棉铃虫虫量 60％左右。

推广应用生物制剂棉铃虫核型多角体病毒、阿维菌素和苦参碱等生物农药,防治棉田病虫害。

(4)化学防治 此时期为多种害虫交替重叠发生阶段,应根据田间主要害虫发生程度,抓住有利时机,统筹兼顾,尽可能混合用药,避免重复施药,充分发挥兼治作用。

二代棉铃虫应隐蔽或顶部集中用药,药剂可选用棉铃虫核型多角体病毒(NPV)或1.8%阿维菌素乳油等生物农药。三、四代棉铃虫应视田间实际情况开展防治。三代以保护蕾、铃为重点,喷匀打透,四代以挑治为主,压低田间虫量。药剂可选用5%氟铃脲乳油,或4.5%高效氯氰菊酯乳油或52.25%毒·氯乳油。3、4代防治期间由于棉株大,产卵分散,喷药时应注意棉花顶尖、花蕾铃上着药均匀,同时注意交替用药和轮换用药。施药后遇雨,要及时补喷。棉铃虫防治指标:转基因抗虫棉田二代百株低龄幼虫为20头,三代为15头。非抗虫棉,二代为百株累计卵量150粒,或百株低龄幼虫10头;三代为百株累计卵量25粒,或百株低龄幼虫5~8头;四代为百株低龄幼虫8~10头。

当百株上、中、下三叶伏蚜量达到1万~1.5万头时,要用药防治,可选用10%吡虫啉可湿性粉剂或3%啶虫脒乳剂等药剂防治。

三代(蕾、花期)百株有虫10头以上,或被害株率达5%~8%,4代(花、铃期)百株虫量达20头,用5%丁烯氟虫腈乳油,或10%联苯菊酯、35%硫丹乳油、40%灭多威可溶性粉剂、45%马拉硫磷乳油和40%毒死蜱乳油进行喷施防治。

对棉叶螨,当红叶株率达到3%时,用1.8%阿维菌素乳油或20%哒螨灵可湿性粉剂等药剂进行喷施防治。

对枯、黄萎病新发生田块,拔除零星病株,连同落叶一起烧掉。然后每平方米用50%棉隆原粉70克,拌入30~40厘米深土中,对病株周围40厘米以上的病土进行药剂处理,上面再覆盖一层净土。当田间开始出现零星病株时,用99植保水剂或磷酸二氢钾

100～150 倍液水剂喷雾，隔 10～15 天喷 1 次，连续 3～4 次。也用 3％广枯灵水剂灌根，抑制症状扩展。

夏季多雨或棉田郁闭易诱发棉花铃病。可在发病初期选用 25％咪鲜胺乳油或代森锰锌水剂 800～1 000 倍液，进行喷洒防治。

(二)长江流域棉区

1. 播种至苗期　防治的重点是苗蚜、棉盲蝽、苗病、地老虎、枯萎病和黄萎病等。

(1)农业防治　及时清除田间杂草和病残体。枯萎病、黄萎病、棉叶螨发生严重的田块应轮作换茬。因地制宜种植国家审定的兼具抗枯黄萎病性能的抗虫棉等优质抗病虫品种。育苗用土应采用无病土，4 月中旬进行营养钵拱棚育苗，5 月下旬移栽，适时播栽，培育壮苗。清除田埂杂草，压低棉盲蝽等早春虫源。棉田周边种植玉米、绿豆等诱集作物，诱杀害虫。

(2)生物防治　早春种植绿肥、蚕豆招引天敌。在麦—棉套种田，割麦留高茬保护天敌；将油菜秸秆适度存放田间，以利于天敌过渡；小麦、油菜茬棉田，6 月底前避免使用杀虫剂，结合棉田覆盖草和秸秆，可以增加天敌种群量，推迟首次用药时间。

(3)化学防治　用种子量 2％的 10％拌·福悬浮种衣剂拌种，防治炭疽病、立枯病等苗病。用 10％吡虫啉可湿性粉剂有效成分 5～6 克拌棉种 10 千克，控制苗期蚜虫。防治温室大棚中及春季绿肥豆科作物上越冬的棉蚜、棉盲蝽、烟粉虱等害虫，压低虫源基数。采用撒毒土的办法防治地老虎低龄幼虫。龄期较大时，用 90％敌百虫晶体喷拌麦麸或棉籽饼制成毒饵，于傍晚顺垄撒施，予以诱杀。

2. 蕾期至结铃吐絮期　防治的重点是棉盲蝽、棉铃虫、棉叶螨、伏蚜、斜纹夜蛾等害虫和铃病，以及局部地区的棉蓟马和烟粉虱等。

(1)农业防治　加强棉花的水肥管理,培育健壮植株,提高抗病虫能力。结合整枝、打杈,进行人工抹卵,捕捉高龄幼虫。及时去除老叶、空枝,以利于通风透光,减轻病害发生。棉花生长中后期,进行棉田"四清理",即:打顶心,去边心,抹赘芽,摘无效花蕾,降低田间棉铃虫等害虫的卵量,并减轻棉盲蝽的发生与危害。当棉株受棉盲蝽为害而形成破叶疯或丛生枝,徒长而不现蕾时,应迅速将丛生枝整去,每株保留 1～2 枝主秆,使植株迅速恢复现蕾。

(2)物理防治　用频振式杀虫灯、性诱剂等诱集并消灭棉铃虫、棉盲蝽、斜纹夜蛾等害虫的成虫,减少田间落卵量。频振式杀虫灯,每 2～3.33 公顷设置 1 盏。在田间放置黄板,每 667 平方米20～40 块,诱杀蚜虫、烟粉虱等害虫。

(3)生物防治　保护和利用自然天敌,发挥天敌的自然控害作用。当天敌总量与蚜虫量之比为 1∶60～100 时,天敌可控制棉蚜危害,不需使用化学农药。要推广使用苦参碱、核型多角体病毒制剂等生物农药防治害虫。有条件的地区,可人工释放赤眼蜂、捕食螨等天敌,控制棉田害虫、害螨。

(4)化学防治　选用选择性药剂,要注意不同作用机制的品种交替使用。严格按照防治指标开展防治。对达到防治指标的田块,选用低毒、对天敌影响较小的农药,如阿维菌素、吡虫啉,丙溴磷、哒螨灵,或昆虫生长调节剂氟铃脲、氟啶脲等农药,减少拟除虫菊酯类农药的使用,杜绝使用高毒、高残留农药。对第一、第二代棉铃虫可弃治,对二、三代棉盲蝽可选用乙酰甲胺磷、辛硫磷等低毒、低残留药剂进行防治,对三、四、五代棉铃虫可使用氟铃脲、硫丹、辛硫磷与拟除虫菊酯类药剂,进行复配防治。棉叶螨选用哒螨灵、阿维菌素等药剂,进行防治。

棉盲蝽、蚜虫、枯黄萎病和铃病等病虫害的防治指标,参见黄河流域棉区病虫害防治。

（三）西北内陆棉区

1. 播种前 棉花、玉米、高粱、番茄等作物田收获后至封冻前,实行秋耕冬灌,翻耕深度为 18～20 厘米,有效降低棉铃虫、棉叶螨等害虫的越冬基数。在开始结冰后(地面未积雪之前),彻底清除棉田及四周杂草和枯枝落叶,使棉盲蝽骤然失去越冬场所而被冻死。结合春季整地破除老埂,进一步减少越冬虫源。

2. 播种期

(1)农业防治 种植玉米诱集带,诱集棉铃虫后予以集中杀灭。棉花枯、黄萎病严重发生区,应改种小麦、玉米等禾本科作物 5 年以上。选用高产、优质、抗(耐)枯萎病、黄萎病的棉花品种,并辅助以种子消毒。严禁将枯萎病疫区的带菌棉籽、棉壳、棉饼、棉秆带入无病区。土壤 5 厘米深处地温稳定在 12℃时,为适宜播期,要抓紧播种,一般播种深度以 2～4 厘米为宜。播种过早易发生立枯病,要加以防止。

(2)生物防治 在棉田周边的地埂、林带等空闲处,种植苜蓿、油菜、红花等作物,诱集和保护多种天敌栖息繁殖,提高对害虫的控制能力。

(3)化学防治 用种子量 0.5％的 50％敌磺钠可湿性粉剂对脱绒棉籽拌种,预防苗期病害。用 20％丁硫克百威乳油拌种,对棉花苗期蓟马、蚜虫、叶螨等有较好的控制作用。

3. 苗期 棉花苗期防治的重点是棉铃虫、棉蚜、棉叶螨等。

(1)农业防治 结合间苗、定苗,拔除病苗、弱苗。中耕松土,破坏土壤板结层,不但可以提高地温,减轻苗病,还可清除杂草,消灭部分地老虎卵和初孵幼虫。

(2)生物防治 在棉叶螨点片发生期,人工释放捕食螨进行防治。在中心株上挂 1 袋捕食螨,其两侧各挂 1 袋,每袋有1 500～3 000 头捕食螨,可有效控制叶螨的危害。

（3）**物理防治**　春季棉蚜迁飞期间,在蚜源地及棉田四周放置黄板诱杀,可降低田间蚜虫量,减轻危害。从棉铃虫越冬代成虫始发期开始,设置频振式杀虫灯诱杀棉铃虫等害虫。可按单灯有效控制面积为 2～3.33 公顷的标准,确定设置数量。

（4）**化学防治**　春季棉叶螨迁入棉田前,对棉田边缘 5～10 行棉苗及周边杂草,用专性杀螨剂进行喷雾预防,减少棉叶螨迁入棉田量。田间发现棉蚜中心株时,用内吸性杀虫剂滴心,或用药在棉苗红绿茎交接处 2～3 厘米长的范围内涂茎,注意不可环茎涂抹。当棉蚜危害面积较大,棉田益害比达 1∶150 左右时,要逐田调查,对达到防治指标的棉田块,用吡虫啉、啶虫脒等药剂防治。

4. 蕾铃至吐絮期　此时期的防治重点是棉铃虫、棉叶螨、伏蚜、枯萎病、黄萎病和铃期病害等。

（1）**农业防治**　加强水肥管理,培育健壮植株,提高抗逆能力。结合整枝、打杈,人工抹除棉铃虫卵,捕杀高龄幼虫,把疯杈、顶尖、边心及无效花蕾、烂铃等,带出田外集中处理,可以降低田间卵和幼虫量。棉花生长后期,要及时去除老叶、空枝,以利于通风透光,减轻铃期病害流行。继续采用玉米诱集带诱杀。

（2）**生物防治**　在二代棉铃虫卵始盛期人工释放赤眼蜂,连续释放 4 次,每次间隔 3～4 天,放蜂量第一次为每 667 平方米 1 万头,以后每次为每 667 平方米 1 万头。具体方法是:赤眼蜂开始羽化时(约 5%～7% 的柞蚕卵出现羽化孔),把蜂卡撕成小块,用中部棉叶反卷包住蜂卡,附着在其他叶片背面,避免阳光直射,按照行宽 7 米,顺行 15～20 米长放置 1 块蜂卡,于早晨或傍晚释放。

（3）**物理防治**　采用频振灯诱杀棉铃虫等害虫的成虫。

（4）**化学防治**　选用选择性农药品种,注意不同作用机制的品种交替使用。严格按照防治指标开展防治,不宜大面积喷施农药。对棉铃虫、棉叶螨、棉蚜等害虫害螨达标田块,可选用低毒、对天敌较安全的药剂,如阿维菌素、吡虫啉、啶虫脒、硫丹和哒螨灵等进行防治,杜绝使用高毒、高残留农药。

二、农业防治

农业防治是棉花病虫害综合治理的基础,通过农业措施可减轻棉花病虫害的发生危害程度。目前,棉花生产上主要的农业防治措施有以下几种。

(一)利用抗病虫品种

作物抗性的利用是最有效、最经济的治理手段。抗虫棉的商业化种植就是一个典型的例子。棉铃虫是我国棉花上的首要害虫,其抗药性高、防治难度大,化学防治等措施难以有效控制,而抗虫棉种植后短短几年时间,棉铃虫危害问题就得到了基本解决。目前,棉花枯、黄萎病发生严重,这两种均为土传病害,还没有有效的防治措施,只有依靠棉花抗病品种来增强棉花对枯、黄萎病的抗病、耐病能力。近年来,中国农业科学院植物保护研究所成功选育出了中植棉 2 号等高抗枯萎病、抗黄萎病的抗虫棉新品种,能有效减轻棉花枯、黄萎病发生危害,在河南、山东、江苏等病害重发的老棉区倍受广大棉农朋友的青睐。但目前生产中存在着抗虫棉品种杂、部分品种抗病虫性差等问题。种植抗病虫性差的棉花品种将直接导致棉铃虫及枯、黄萎病危害重,棉花产量损失大的后果。因此,建议在生产上选用通过国家审定的抗虫棉品种,同时考虑优选兼具抗病性的品种。

(二)实行合理间套作与轮作

棉花与小麦、油菜、蔬菜等作物间套作,控制棉花苗期蚜害。目前,种植面积最大、控制蚜害效果最好的是棉花与小麦间作。由于小麦的屏障作用和早春小麦上存在的丰富天敌资源,这类棉田棉蚜发生晚,危害轻,在麦收前后,小麦上的大量天敌向棉花上转移,继续控制棉蚜危害,常年麦、棉间作田在棉花苗期可不用喷药治蚜。棉花与洋葱等蔬菜类作物间作,虽然对棉蚜的控制效果没有麦、棉间作效果好,但它不影响前期棉苗的生长,而且棉农可获得较高的经济收入,在人多地少的高肥水棉区,可充分利用棉田土地,获得较高的经济效益。棉花与油菜间作有较好的控制苗蚜作用,但在6月上旬前要及时铲除油菜,以免影响棉苗生长。

棉花与禾本科等作物实行3年以上轮作,或实行棉稻轮作,可有效降低土壤中的棉花病原菌,减轻棉花土传病害枯萎病、黄萎病的发生与危害,能收到良好的防病效果。同时,也能减轻部分虫害的发生及危害程度。育苗移栽的苗床土,要每年更换,最好用种植禾谷类作物田的土壤,并施入充分腐熟的有机肥料,保证棉苗在苗床内生长健壮。

(三)种植诱集作物

种植诱集作物,能明显减少棉铃虫在棉花上的落卵量,控制棉铃虫对棉花的危害。依据河北省邯郸棉区的经验,在棉田点种高粱,即高粱诱集带,其方法是,每隔6行棉花,在宽行垄沟中点种高粱,株距2米,对减轻三、四代棉铃虫的卵量和伏蚜的危害,效果显著。有的棉区在棉田种植玉米诱集带,种植方式同高粱诱集带。棉田种植高粱或玉米诱集带,其密度均不能过大,以免影响棉花的通风透光。在棉田四周种植绿豆或蓖麻诱集带,结合诱集带上定期施药,能有效地诱杀绿盲蝽成虫,减轻其在棉田的发生与危害。在棉田田埂侧播种苘麻诱集带,能减少烟粉虱与棉大卷叶螟在棉田的发生与危害。

（四）科学进行农事操作

通过培养壮苗，可以提高棉花的抗病虫能力。播种前采取精选种子、晒种以及温汤浸种等措施，可提高棉种的发芽势和发芽率。利用杀虫剂和杀菌剂对棉花种子包衣，能增强棉花苗期的抗病虫能力。棉花无病土育苗移栽，可以避过病害苗期侵染，增强棉苗抗病能力，减轻苗期病害发生。直播棉田，在棉苗出土后早中耕、勤中耕，以提高地温，疏松土壤，可以促进根系发育，减轻棉苗病害的发生。

利用农事操作可直接减轻虫口密度，控制棉花病虫害的发生。有效的主要措施是在棉苗期进行间苗、定苗时，将拔除的棉苗带出田外，可防止被拔除棉苗上的蚜虫、棉叶螨重新转移到其他棉苗上为害。及时拔除棉花病株，清理四周的病叶并带出田间，防治棉花枯、黄萎病的转移扩散。结合棉花整枝、打杈，进行棉铃虫、斜纹夜蛾、棉大卷叶螟、棉盲蝽等害虫卵、幼（若）虫以及烂铃的人工摘除。对于抗虫棉品种，建议将第一个果枝去除，防止棉花过早进入生殖生长，促进根系健康生长发育，以便有效防止棉花黄萎病和早衰的发生。清除田边地头杂草并集中处理，以降低病虫害的发生程度。

注意氮、磷、钾肥合理搭配，做到有机肥与复合肥相结合，增施钾肥及微肥，切忌偏施氮肥，以防止棉花生长过旺和早衰。当棉株出现多头苗时，应迅速采取措施，将丛生枝整去，每株棉花保留1～2枝主秆，可以使植株迅速恢复现蕾。

（五）铲除虫源地

主要措施有冬耕冬灌，即棉花拔棉秆后（多在12月份），及时翻耕棉田或冬灌。这一措施一方面可破坏越冬棉铃虫的蛹室，杀死棉铃虫的越冬蛹，压低棉铃虫越冬虫口基数；另一方面还可降低棉叶螨的虫口数量。冬季清除棉田残枝落叶和田埂枯死杂草，对棉田进行深耕细耙,能降低棉盲蝽越冬卵基数。早春铲除田边的杂草,可减轻早春棉盲蝽、棉叶螨和棉蚜数量,清除棉虫早期在棉田外的繁殖、生存基地。

三、物理防治

物理防治,即应用各种物理因子如光、电、色、温度等及机械设备来防治害虫。与其他防治措施相比,物理防治常需耗费较多的劳力,因此在生产上应用相对偏少。但其中一些方法能杀死隐蔽为害的害虫,而且它基本没有化学防治所产生的副作用。在有条件的地方,可适时选用一些物理防治措施。

(一)灯光诱杀

频振式杀虫灯,是利用害虫的趋光、趋波、趋色、趋性信息等特性,选用对害虫有极强诱杀作用的光源与波长、波段引诱害虫,并通过频振高压电网杀死害虫的一种先进实用工具,可诱杀棉铃虫、小地老虎、斜纹夜蛾、金龟子、棉盲蝽和金刚钻等害虫。

(二)枝把诱杀

利用棉铃虫、地老虎成虫对半枯萎杨树枝有趋性的习性,在棉田插杨树枝把进行诱集。方法是把杨树枝把剪成 70 厘米长的小枝,每把 10 枝,傍晚插在棉田,位置高于棉株,每 667 平方米 10 把,在翌日凌晨查收杨树枝把并消灭害虫。

(三)食料诱杀

糖醋液(糖:醋:酒:水为 6:3:1:10)可诱杀地老虎成虫。地老虎的幼虫对桐树叶具有一定的趋性,可取较老的桐树叶,用水浸湿后于傍晚放在田间,每 667 平方米放置 120～150 片叶,翌日清晨揭开桐树叶捕捉幼虫。也可用杨树枝条绑成小把,于傍晚插于棉田诱杀成虫,效果较好。在傍晚撒菜叶于棉田边作诱饵,于翌晨揭开菜叶捕杀蛞蝓。

用 90% 晶体敌百虫 0.5 千克,加水 4 升,喷拌在 50 千克铡碎的鲜草上,制成毒饵。于傍晚把它撒在棉株附近,可诱杀地老虎幼虫。用 90% 晶体敌百虫 0.5 千克,加水 5 升,喷拌在 50 千克碾碎炒香的麦麸或棉籽饼上,制成毒饵,于傍晚溜施在棉苗附近,同样对地老虎具有良好的诱杀效果。

(四)人工捕捉

利用金龟子的假死性,可对它进行人工捕捉。对于地老虎等,可在每天早晨进行。当发现新截断的被害植株时,就近挖土捕捉,可收到一定的效果。另外,犁地时也可捡杀蛴螬等地下害虫。

(五)物理隔离

在沟边、苗床或作物之间,于傍晚撒石灰带,每 667 平方米用生石灰 7～7.5 千克,阻止蛞蝓为害棉花叶片。

四、生物防治

生物防治技术是病虫害综合防治的重要组成部分,主要是利用生物(动物和微生物)或生物的代谢产物,控制病虫害的发生和危害。生物防治技术具有对人类及其他有益生物安全,不污染环境,不使病虫害产生抗药性等突出优点。长期以来,一直备受关注。

(一)保护利用自然天敌

棉田自然天敌的种类繁多,全国已查明的就有200多种。不同棉区在棉花的不同生育阶段,棉田害虫的主要天敌的发生有其自身的规律。如华北棉区棉花苗期(6月中旬以前)害虫的主要天敌有七星瓢虫、蚜茧蜂、龟纹瓢虫、食蚜蝇、大草蛉、叶色叶蛉、塔点蓟马、T纹豹蛛和草间小黑蛛等十几种;蕾铃期(6月中旬至8月中下旬)害虫的主要天敌有棉铃虫齿唇姬蜂、侧沟茧蜂、螟蛉悬茧蜂、龟纹瓢虫、黑襟毛瓢虫、异色瓢虫、小花蝽,草间小黑蛛、T纹豹蛛、三突花蛛、日本水狼蛛、塔六点蓟马、叶色草蛉、中华草蛉、蚜茧蜂和蚜霉菌等种类;吐絮收花期(8月下旬以后)在棉田发生的害虫主要天敌,有小花蝽、草间小黑蛛、三突花蛛、T纹豹蛛、叶色草蛉、中华草蛉、食蚜蝇和棉铃虫齿唇姬蜂等。此外,胡蜂、螳螂、青蛙和麻雀等,喜欢在棉田捕食鳞翅目高龄幼虫,对控制棉铃虫大龄幼虫有显著作用。

1. 因地制宜地运用防治指标 充分利用棉株自身的耐害补偿能力,合理放宽防治指标,减少棉田总的施药次数,利用自然天敌的控害作用,实现棉田生态良性循环,进而达到治理和克服害虫抗药性的目的。值得注意的是,防治指标是因不同的地域(生态区)、作物生长阶段、品种、土壤肥力、灌溉条件等而不同的。所以,合理放宽指标应因地制宜,特殊的地方应参考当地科研、农技部门制订的标准执行,不可通用一种指标。

2. 通过合理的耕作栽培制度增殖自然天敌 实行麦棉间套作、稻棉轮作邻作、棉花油菜间作和在棉田插花式种植高粱、玉米等诱集作物,既是夺取粮棉双丰收、提高单位面积经济效益的农业科学栽培措施,又是实现农田作物布局多样化、增殖自然天敌的极好方式,便于早春天敌在这些场所扩大繁殖、躲避不良环境的影响,为棉田苗期天敌群落的建立提供源库。生产应用表明,麦套棉一项栽培措施的运用,就可在棉花苗期节省和减少用药 2～3 次,经济效益明显,并为在下一步棉花生长的中、后期保护利用自然天敌,打下基础。

3. 保护早春天敌的源库,使用对天敌较安全的选择性农药防治麦田害虫　以往的棉田天敌保护利用,一般只是"头痛医头、脚痛医脚",仅仅着眼于棉田局部孤立的综合防治,没有从生物群落高度考虑运用整个农田生态系统的自我调节作用,多是狭隘的或者顾此失彼。近年来的研究表明,广大棉区的麦田是多种天敌的越冬场所与早春的增殖基地,是棉虫天敌的主要发源地,如果麦田的天敌得不到保护和保存,即使在棉田采取了一系列的天敌保护措施,也还是会因天敌的"源库"遭到破坏而不起作用。因此,麦田害虫天敌能否保护和保留,已成为棉田保护利用天敌、防治病虫成败与否的关键。

4. 保护棉田天敌,使用选择性杀虫剂防治棉田害虫　利用选择性杀虫剂能在有效控制棉花害虫的同时,保护田间天敌免受不良影响,从而促进田间天敌的增殖与自然控害能力的增强。如阿克泰对棉蚜毒力高,但对天敌瓢虫杀伤力较小,具有较高的选择性与安全性。

5. 改进施药方法　采用对天敌较为安全的内吸性药剂随种播施、拌种、包衣等隐蔽施药技术,防治苗蚜、棉盲蝽等害虫。如利用吡虫啉拌种,防治蚜虫效果显著,同时可以避免苗期地毯式广谱性喷洒,对瓢虫、蚜茧蜂、草蛉等天敌安全,效果很好。采用涂茎、点心、针对性局部对靶施药挑治等技术,防治第二代棉铃虫,以及苗期点片发生的苗蚜、棉叶螨、地老虎和棉盲蝽等害虫。正确地运用这些技术,不但能有效防治害虫.还可避免天敌直接接触农药,减少天敌的死亡,或者大大缩小棉田的喷洒面积,使大部分天敌得以保存和增殖,在后续害虫的防治中发挥其控害作用。

6. 改进棉田农事操作,保护利用自然天敌　浇水要注意尽量进行沟灌,避免漫灌,这既是高产栽培的技术环节,也是保护蜘蛛等多种天敌的有效手段。棉田施肥,要按科学配方进行,最好多施农家肥和有机肥,保持和改良土壤结构,以利于天敌的繁殖和栖息。在棉田用杨树枝把诱蛾捕杀棉铃虫,有时也能诱到多种天敌,因而在收把杀死害虫的同时,要注意尽量不要伤害天敌,并将其重新放回棉田。整枝打杈时,应先将枝、杈、叶背上的天敌茧、蛹、成虫、幼虫摘除,放回棉株,再将病虫枝叶带出田外统一销毁。

(二)应用生物农药

目前,在棉虫防治上应用较广的微生物制剂是棉铃虫核多角体病毒制剂。棉铃虫核多角体病毒制剂在害虫卵盛期喷洒,对棉铃虫初孵幼虫有效,还可兼治棉小造桥虫、棉大卷叶螟、玉米螟等棉田其他害虫。由于该制剂的病毒在棉田可经由取食、粪便接触等途径再传染给其他健康的害虫,故一次施药后可在棉田辗转流行,长期有效,对控制下代害虫也有一定的作用。阿维菌素等农用抗生素,能有效控制棉叶螨等发生与危害。灭幼脲、虫酰肼、抑太保等生化农药可防治棉铃虫等害虫。病原微生物对害虫从侵染到致病、致死,一般需要 3~5 天才能表现效果,对害虫的致死作用速率较慢,击倒率较低,容易误认为效果不佳。特别是对棉虫暴发或发生特异的年份和世代,还不能完全达到"立竿见影"、迅速见效的要求。

五、化学防治

在棉花病虫害综合治理中,药剂防治仍然是及时有效地控制病虫害对棉花危害的重要措施。施用农药防治害虫的优点已被人们认识。但还须认识到,使用不当也会带来许多副作用。如病虫害产生抗药性、造成环境污染、杀伤棉虫的天敌、破坏棉田的生态平衡、引起病虫害再猖獗等。因此,应该正确认识、了解和掌握科学用药防治棉花病虫害的各项技术措施的内容和方法。它的主要内容包括以下几个方面:

(一)掌握防治适期,适时施药

要用最少量的药剂,达到最好的防治效果,就必须把药用到火候上。每种病虫害都有防治指标。病虫害的防治应在达到防治指标时进行防治,同时也不应错过有利时期打"事后药"。防治病虫害在最佳时期施药,如一般害虫在卵孵化盛期至三龄幼虫抗病能力弱的时期施药,气流传播病害在初见病期及时施药,可以收到事半功倍的效果。

(二)掌握有效用药量,适量用药

农药用量主要是指单位面积上的用药量。要按照农药说明书推荐的使用剂量和浓度,准确配药用药,不能为追求高防效而随意加大用药量,用药量超过限度,作用效果反而会更差,并容易出现药害。

(三)轮换交替使用不同种类的农药

在作物病虫害防治中,长期连续使用一种农药或同类型的农药,极易引起病虫产生抗药性,降低防治效果。因此,应该根据病虫特点,选用几种作用机制不同的农药交替使用。如选用生物农药和化学农药交替使用等,既有利于延缓病虫抗药性的产生,达到良好的防治目的,又可以减少农药的使用量。

(四)合理进行农药的混用

在棉花生长中,几种病虫混合发生时,为节省劳力,可将几种农药混合使用。合理的混用，可以扩大防治范围，提高防治效果，并能防止或延缓病菌、害虫产生抗药性。但是农药的混用必须讲究科学，要遵守以下几个原则：①混合后不能产生物理和化学变化；②混合后对棉花无不良影响；③混合后无拮抗作用（又称减效作用）；④混合后毒性不能增加。

（五）掌握配药技术，充分发挥药效

配制乳剂农药时，应将所需乳油先配成 10 倍液，然后再加足全量水。稀释可湿性粉剂时，先用少量水将可湿性粉剂调成糊状，然后再加足全量水。配制毒土时，先将药用少量土混匀，经过几次稀释并要充分翻混药剂后，才能与土混拌均匀。配制药液时要用清水。

另外，根据病虫害的发生部位或发生特点施药，能大大提高防治效果。比如，二代棉铃虫和苗期蚜虫主要集中在棉株的顶尖、嫩梢等部位，利用滴心法施药能有效控制害虫发展，同时减少农药用量和对天敌昆虫的杀伤力。蕾铃期棉花植株高大，同时棉盲蝽成虫飞行能力强，在这种情况下机动喷雾器的防治效果要比手动喷雾器好，不致使成虫不沾农药而得以成功潜逃。如有机动喷雾器，几台同时作业效果更好。

棉花农艺工培训教材	10.00	（北方本）	10.00
棉花植保员培训教材	8.00	油菜植保员培训教材	10.00
大豆农艺工培训教材	9.00	油菜农艺工培训教材	9.00
大豆植保员培训教材	8.00	蔬菜贮运工培训教材	8.00
水稻植保员培训教材	10.00	果品贮运工培训教材	8.00
水稻农艺工培训教材		果树植保员培训教材	
（北方本）	12.00	（北方本）	9.00
水稻农艺工培训教材		果树植保员培训教材	
（南方本）	9.00	（南方本）	11.00
绿叶菜类蔬菜园艺工培训		果树育苗工培训教材	10.00
教材（北方本）	9.00	苹果园艺工培训教材	10.00
绿叶菜类蔬菜园艺工培训		枣园艺工培训教材	8.00
教材（南方本）	8.00	核桃园艺工培训教材	9.00
瓜类蔬菜园艺工培训教材		板栗园艺工培训教材	9.00
（南方本）	7.00	樱桃园艺工培训教材	9.00
瓜类蔬菜园艺工培训教材		葡萄园艺工培训教材	11.00
（北方本）	10.00	西瓜园艺工培训教材	9.00
茄果类蔬菜园艺工培训教		甜瓜园艺工培训教材	9.00
材（南方本）	10.00	桃园艺工培训教材	10.00
茄果类蔬菜园艺工培训教		猕猴桃园艺工培训教材	9.00
材（北方本）	9.00	草莓园艺工培训教材	10.00
豆类蔬菜园艺工培训教材		柑橘园艺工培训教材	9.00
（北方本）	10.00	食用菌园艺工培训教材	9.00
豆类蔬菜园艺工培训教材		食用菌保鲜加工员培训教	
（南方本）	9.00	材	8.00
蔬菜植保员培训教材		食用菌制种工培训教材	9.00
（南方本）	10.00	桑园园艺工培训教材	9.00
蔬菜植保员培训教材		茶树植保员培训教材	9.00

茶园园艺工培训教材	9.00	养蚕工培训教材	9.00
茶厂制茶工培训教材	10.00	养蜂工培训教材	9.00
园林绿化工培训教材	10.00	北方日光温室建造及配	
园林育苗工培训教材	9.00	套设施	10.00
园林养护工培训教材	10.00	保护地设施类型与建造	9.00
草本花卉工培训教材	9.00	现代农业实用节水技术	12.00
猪饲养员培训教材	9.00	农村能源实用技术	16.00
猪配种员培训教材	9.00	太阳能利用技术	22.00
猪防疫员培训教材	9.00	农家沼气实用技术	
奶牛配种员培训教材	8.00	（修订版）	17.00
奶牛修蹄工培训教材	9.00	农村户用沼气系统维护	
奶牛防疫员培训教材	9.00	管理技术手册	6.00
奶牛饲养员培训教材	8.00	农村能源开发富一乡·吉	
奶牛挤奶员培训教材	8.00	林省扶余县新万发镇	11.00
肉羊饲养员培训教材	9.00	农家科学致富400法（第三	
羊防疫员培训教材	9.00	次修订版）	40.00
毛皮动物防疫员培训教		农民致富金点子	8.00
材	9.00	科学种植致富100例	10.00
毛皮动物饲养员培训教		科学养殖致富100例	11.00
材	9.00	农产品加工致富100题	23.00
肉牛饲养员培训教材	8.00	农家小曲酒酿造实用技	
家兔饲养员培训教材	9.00	术	11.00
家兔防疫员培训教材	9.00	优质肉牛屠宰加工技术	23.00
淡水鱼繁殖工培训教材	9.00	植物组织培养技术手册	20.00
淡水鱼苗种培育工培训		植物生长调节剂应用手	
教材	9.00	册（第2版）	10.00
池塘成鱼养殖工培训教		植物生长调节剂与施用	
材	9.00	方法	7.00
家禽防疫员培训教材	7.00	植物生长调节剂在蔬菜	
家禽孵化工培训教材	8.00	生产中的应用	9.00
蛋鸡饲养员培训教材	7.00	植物生长调节剂在林果	
肉鸡饲养员培训教材	8.00	生产中的应用	10.00
蛋鸭饲养员培训教材	7.00	怎样检验和识别农作物	
肉鸭饲养员培训教材	8.00	种子的质量	5.00

简明施肥技术手册 11.00
旱地农业实用技术 16.00
实用施肥技术(第2版) 7.00
测土配方与作物配方施
　肥技术 16.50
农作物良种选用200问 15.00
作物立体高效栽培技术 11.00
经济作物病虫害诊断与
　防治技术口诀 11.00
作物施肥技术与缺素症
　矫治 9.00
肥料使用技术手册 45.00
肥料施用100问 6.00
科学施肥(第二次修订版) 10.00
配方施肥与叶面施肥
　(修订版) 6.00
化肥科学使用指南(第二
　次修订版) 38.00
秸秆生物反应堆制作及
　使用 8.00
高效节水根灌栽培新技
　术 13.00
农田化学除草新技术
　(第2版) 17.00
农田杂草识别与防除原
　色图谱 32.00
保护地害虫天敌的生产
　与应用 9.50
教你用好杀虫剂 7.00
合理使用杀菌剂 10.00
农药使用技术手册 49.00
农药科学使用指南
　(第4版) 36.00
农药识别与施用方法

　(修订版) 10.00
常用通用名农药使用指南 27.00
植物化学保护与农药应用
　工艺 40.00
农药剂型与制剂及使用方
　法 18.00
简明农药使用技术手册 12.00
生物农药及使用技术 9.50
农机耕播作业技术问答 10.00
鼠害防治实用技术手册 16.00
白蚁及其综合治理 10.00
粮食与种子贮藏技术 10.00
北方旱地粮食作物优良品
　种及其使用 10.00
粮食作物病虫害诊断与防
　治技术口诀 14.00
麦类作物病虫害诊断与防
　治原色图谱 20.50
中国小麦产业化 29.00
小麦良种引种指导 9.50
小麦标准化生产技术 10.00
小麦科学施肥技术 9.00
优质小麦高效生产与综合
　利用 7.00
小麦病虫害及防治原色图
　册 15.00
小麦条锈病及其防治 10.00
大麦高产栽培 5.00
水稻栽培技术 7.50
水稻良种引种指导 23.00
科学种稻新技术(第2版) 10.00
双季稻高效配套栽培技术 13.00
杂交稻高产高效益栽培 9.00
杂交水稻制种技术 14.00

提高水稻生产效益 100 问	6.50
超级稻栽培技术	9.00
超级稻品种配套栽培技术	15.00
水稻良种高产高效栽培	13.00
水稻旱育宽行增粒栽培技术	5.00
水稻病虫害诊断与防治原色图谱	23.00
水稻病虫害及防治原色图册	18.00
水稻主要病虫害防控关键技术解析	16.00
怎样提高玉米种植效益	10.00
玉米高产新技术(第二次修订版)	12.00
玉米标准化生产技术	10.00
玉米良种引种指导	11.00
玉米超常早播及高产多收种植模式	6.00
玉米病虫草害防治手册	18.00
玉米病害诊断与防治(第 2 版)	12.00
玉米病虫害及防治原色图册	17.00
玉米大斑病小斑病及其防治	10.00
玉米抗逆减灾栽培	39.00
玉米科学施肥技术	8.00
玉米高粱谷子病虫害诊断与防治原色图谱	21.00
甜糯玉米栽培与加工	11.00
小杂粮良种引种指导	10.00
谷子优质高产新技术	5.00
大豆标准化生产技术	6.00
大豆栽培与病虫草害防治(修订版)	10.00
大豆除草剂使用技术	15.00
大豆病虫害及防治原色图册	13.00
大豆病虫草害防治技术	7.00
大豆病虫害诊断与防治原色图谱	12.50
怎样提高大豆种植效益	10.00
大豆胞囊线虫病及其防治	4.50
油菜科学施肥技术	10.00
豌豆优良品种与栽培技术	6.50
甘薯栽培技术(修订版)	6.50
甘薯综合加工新技术	5.50
甘薯生产关键技术 100 题	6.00
图说甘薯高效栽培关键技术	15.00
甘薯产业化经营	22.00
花生标准化生产技术	10.00
花生高产种植新技术(第 3 版)	15.00
花生高产栽培技术	5.00
彩色花生优质高产栽培技术	10.00
花生大豆油菜芝麻施肥技术	8.00
花生病虫草鼠害综合防治新技术	14.00
黑芝麻种植与加工利用	11.00
油茶栽培及茶籽油制取	18.50
油菜芝麻良种引种指导	5.00

双低油菜新品种与栽培
  技术   13.00

蓖麻向日葵胡麻施肥技
  术   5.00

棉花高产优质栽培技术
  （第二次修订版）   10.00

棉花节本增效栽培技术   11.00

棉花良种引种指导（修订
  版）   15.00

特色棉高产优质栽培技术   11.00

图说棉花基质育苗移栽   12.00

怎样种好 Bt 抗虫棉   6.50

抗虫棉栽培管理技术   5.50

抗虫棉优良品种及栽培
  技术   13.00

棉花病虫害防治实用技
  术（第 2 版）   11.00

棉花病虫害综合防治技
  术   10.00

棉花盲椿象及其防治   10.00

棉花黄萎病枯萎病及其
  防治   8.00

棉花病虫害诊断与防治
  原色图谱   22.00

棉花病虫害及防治原色
  图册   13.00

蔬菜植保员手册   76.00

新农村建设致富典型示
  范丛书·蔬菜规模化
  种植致富第一村   12.00

寿光菜农种菜疑难问题
  解答   19.00

怎样种好菜园（新编北
  方本·第 3 版）   21.00

怎样种好菜园（南方本
  第二次修订版）   13.00

南方菜园月月农事巧安
  排   10.00

南方秋延后蔬菜生产技
  术   13.00

蔬菜间作套种新技术（北
  方本）   17.00

蔬菜间作套种新技术
  （南方本）   16.00

蔬菜轮作新技术（北方本）   14.00

蔬菜轮作新技术（南方本）   16.00

现代蔬菜育苗   13.00

穴盘育苗   12.00

蔬菜嫁接育苗图解   7.00

蔬菜穴盘育苗   12.00

蔬菜灌溉施肥技术问答   18.00

蔬菜茬口安排技术问答   10.00

南方蔬菜反季节栽培设施
  与建造   9.00

南方高山蔬菜生产技术   16.00

长江流域冬季蔬菜栽培技
  术   10.00

蔬菜加工实用技术   10.00

商品蔬菜高效生产巧安排   6.50

蔬菜调控与保鲜实用技术   18.50

菜田农药安全合理使用 150
  题   8.00

菜田化学除草技术问答   11.00

蔬菜施肥技术问答（修订版）   8.00

蔬菜配方施肥 120 题   8.00

蔬菜科学施肥   9.00

设施蔬菜施肥技术问答   13.00

葱蒜茄果类蔬菜施肥技术   6.00

名优蔬菜反季节栽培(修订版) 25.00
大棚日光温室稀特菜栽培技术(第2版) 12.00
名优蔬菜四季高效栽培技术 11.00
蔬菜无土栽培新技术(修订版) 14.00
无公害蔬菜栽培新技术 11.00
果蔬昆虫授粉增产技术 11.00
保护地蔬菜高效栽培模式 9.00
保护地蔬菜病虫害防治 11.50
蔬菜病虫害防治 15.00
蔬菜虫害生物防治 17.00
无公害蔬菜农药使用指南 19.00
设施蔬菜病虫害防治技术问答 14.00
蔬菜病虫害诊断与防治技术口诀 15.00
蔬菜生理病害疑症识别与防治 18.00
环保型商品蔬菜生产技术 16.00
蔬菜生产实用新技术(第2版) 29.00
蔬菜嫁接栽培实用技术 12.00
图说蔬菜嫁接育苗技术 14.00
蔬菜栽培实用技术 25.00
蔬菜优质高产栽培技术 120问 6.00
新编蔬菜优质高产良种 19.00
现代蔬菜灌溉技术 9.00
种菜关键技术121题(第2版) 17.00
蔬菜地膜覆盖栽培技术(第二次修订版) 6.00
温室种菜难题解答(修订版) 14.00
温室种菜技术正误100题 13.00
日光温室蔬菜生理病害防治200题 9.50
高效节能日光温室蔬菜规范化栽培技术 12.00
露地蔬菜高效栽培模式 9.00
露地蔬菜施肥技术问答 15.00
露地蔬菜病虫害防治技术问答 14.00
两膜一苦拱棚种菜新技术 9.50
棚室蔬菜病虫害防治(第2版) 7.00
南方早春大棚蔬菜高效栽培实用技术 14.00
塑料棚温室种菜新技术(修订版) 29.00
塑料棚温室蔬菜病虫害防治(第3版) 13.00
嫁接育苗 12.00

以上图书由全国各地新华书店经销。凡向本社邮购图书或音像制品,可通过邮局汇款,在汇单"附言"栏填写所购书目,邮购图书均可享受9折优惠。购书30元(按打折后实款计算)以上的免收邮挂费,购书不足30元的按邮局资费标准收取3元挂号费,邮寄费由我社承担。邮购地址:北京市丰台区晓月中路29号,邮政编码:100072,联系人:金友,电话:(010)83210681、83210682、83219215、83219217(传真)。

小地老虎幼虫

棉蓟马

棉叶蝉

棉尖象

责任编辑：高　原
封面设计：李晓俊

棉花病虫害综合防治技术

MIANHUA BINGCHONGHAI ZONGHE FANGZHI JISHU

ISBN 978-7-5082-6484-4

定价：10.00元

ISBN 978-7-5082-6484-4

9 787508 264844 >